U0272172

猪病防治

刘俊琦　主编

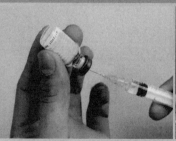

中国农业科学技术出版社

图书在版编目（CIP）数据

猪病防治／刘俊琦主编 . —北京：中国农业科学技术出版社，2015.9
ISBN 978 – 7 – 5116 – 2200 – 6

Ⅰ. ①猪…　Ⅱ. ①刘…　Ⅲ. ①猪病 – 防治 – 高等职业教育 – 教材
Ⅳ. ①S858. 28

中国版本图书馆 CIP 数据核字（2015）第 169726 号

责任编辑　徐　毅
责任校对　李向荣

出 版 者　中国农业科学技术出版社
　　　　　北京市中关村南大街 12 号　邮编：100081
电　　话　（010）82106631（编辑室）　（010）82109702（发行部）
　　　　　（010）82109709（读者服务部）
传　　真　（010）82106631
网　　址　http://www.castp.cn
经 销 者　各地新华书店
印 刷 者　北京富泰印刷有限责任公司
开　　本　787 mm×1 092 mm　　1/16
印　　张　7
字　　数　160 千字
版　　次　2015 年 9 月第 1 版　2016 年 5 月第 2 次印刷
定　　价　20.00 元

《猪病防治》
编　委　会

内容简介

　　猪病防治是高职畜牧兽医专业的一门重要的核心专业课，与很多学科有广泛的联系，与养猪生产实践紧密相关。通过学习本课程，使学生具备基层畜禽疾病防治人员、饲养管理人员和检疫人员所必需的猪病防治的基本知识和基本技能。本教材分为猪场疫病防治基础知识、猪场疫病防疫基础知识、猪的烈性传染病、猪的繁殖障碍性疾病、猪的腹泻性疾病、猪的呼吸系统疾病和猪的其他疾病等7个部分。全书紧紧围绕高等职业教育培养目标，由校企专家共同开发，具有"工学结合"特色的教材。在课程内容的设置上紧扣生产实践，以疾病的诊断思路为主线，内容简明扼要，深入浅出，图文并茂，注重理论联系实际，在保持必要的科学性、系统性的基础上，注重反映本学科的最新知识和实践技术成果，适应当前我国养猪现代化生产的实际需要，在教材内容上力求反映了当前的新知识和新技术，既考虑了理论知识的深度，又能体现实践技能的水平。在编写形式上力求新颖、简约、有创新。

　　本教材既可作为高职院校畜牧兽医专业相关的教材，又可作为从事猪病工作人员的学习参考书。

前　言

养猪业已成为我国畜牧业的一大支柱产业，在国民经济中占有十分重要的地位，但随着我国改革开放的不断深化，特别是在加入 WTO 后，养猪业迅速向规模化、集约化、工厂化发展，猪的生产性能越来越高、饲养密度越来越大、环境应激因素越来越多，导致猪场疫病不断发生，这给我国养猪业造成巨大经济损失，严重危害和阻碍着养猪业的健康发展。为了提升畜牧兽医专业服务现代生猪产业发展能力，笔者所在的研究团队充分深入到湖南省内一流养猪企业进行调研，在原有《猪病防治》课程标准的基础上，吸取了国内外猪病的最新进展和成就，与长沙正大有限公司共同开发《猪病防治》课程标准，以适应我国养猪产业发展的需要。

《猪病防治》是湖南省高等职业院校畜牧兽医示范性特色专业的核心课程。其课程标准是以《湖南省高等职业院校示范性特色专业建设基本要求》为指导，以《畜牧兽医专业人才培养方案》为依据，通过对教学内容、方法手段和评价体系等进行改革、创新，实现"课程标准与职业标准、行业标准，教学过程与生产过程"紧密对接，使学生能够胜任现代养猪场的疫病防治工作。依据高职高专"项目引导、任务驱动"的教学改革思路，对现行畜牧兽医高职教材进行改革，将学科体系下多年沿用下来的教材进行了重组、充实和改造，形成了适应岗位需要、突出职业能力，便于做、学、教一体化的猪病防治项目化课程体系。同时，对现代养猪企业兽医岗位的工作任务和职业能力进行系统分析，及时了解养猪行业发展动态，根据企业实际需求变化及时调整教学内容，使学生更加满足企业需求，具备岗位技能。同时，应了解国内外猪病防治发展趋势，实时引入相关企业的新知识、新技术、新标准、新设备、新工艺、新成果和国际通用的技能型人才职业资格标准，从而保证教学内容的新颖性。

本书编写由下列同志组成（按姓氏笔画为序）：尹文英（双牌县畜牧水产局）、刘俊琦（永州市职业技术学院）、李润成（湖南农业大学）、郑春芳（永州市职业技术学院）、侯强红（怀化市职业技术学院）、蒋大良（长沙正大有限公司）。具体编写分工如下：第一章（侯强红、李润成），第二章（侯强红、尹文英），第三章（刘俊琦、蒋大良），第四章（刘俊琦），第五章（刘俊琦），第六章（刘俊琦），第七章（郑春芳）。

本教材的开发得到全国许多高职院校、企业同行的支持和帮助，并参阅了许多研究人员的最新成果，在此一并表示诚挚谢意。

因为编者的水平有限，本书中还存在不少问题和不足，恳请广大读者批评指正。

作者

2015 年 5 月

目　　录

第一章 猪场疫病防治基础知识

猪场疫病包括猪传染病和猪寄生虫病，它们分别为两门独立的学科，但均属于预防兽医的范畴。在生猪生产中，猪传染病和猪寄生虫病的防控技术属于同一职业岗位：疫病防治员。两者在疫病防治员的工作过程中同时出现。另外两者的发生发展规律也有相似之处。因此，为了便于学习和实际生产，在此合编为一。

第一节 猪疫病

猪疫病包括猪传染病和猪寄生虫病。猪传染病是指由病源微生物引起的具有一定的潜伏期和临床表现，并具有传染性的疾病。猪寄生虫病是由猪寄生虫侵入猪体不同部位引起的，具有一定的潜伏期和临床表现，并具有传染性的疾病。

疫病的表现虽然多种多样，但亦具有一些共同特性，根据这些特性可与其他非传染病相区别。这些特性如下。

1. 具有特定病原体

每一种疫病都有其特异的致病性微生物存在，如猪瘟是由猪瘟病毒引起的，没有猪瘟病毒就不会发生猪瘟。

2. 具有传染性和流行性

从患疫病的病猪体内排出的病原微生物，侵入另一有易感性的健猪体内，能引起同样症状的疾病。像这样使疾病从病畜传染给健畜的现象，就是疫病与非疫病相区别的一个重要特征。当一定的环境条件适宜时，在一定时间内，某一地区易感动物群中可能有许多动物被感染，致使疫病蔓延散播，形成流行。

3. 具有免疫反应

在传染病发展过程中由于病原体的抗原刺激作用，机体发生免疫生物学的改变，产生特异性抗体和变态反应等。这种改变可以用血清学方法等特异性反应检查出来。

4. 耐过猪能获得特异性免疫

猪耐过疫病后，在大多数情况下均能产生特异性免疫，使其在一定时期内或终生不再患该种疫病。

5. 具有特征性的临诊表现

大多数疫病都具有该种病特征性的综合症状和一定的潜伏期以及病程经过。

第二节　猪疫病的发生

猪疫病的发生规律包括个体和群体两个范畴。

一、猪疫病个体发病规律

猪个体发病也就是感染。感染，又称传染，是指病原微生物侵入动物机体，并在一定的部位定居，生长繁殖，从而引起机体一系列病理反应，这个过程称为感染。猪感染病原微生物后会有不同的临床表现，从完全没有临床症状到明显的临床症状，甚至死亡。这是病原的致病性、毒力与宿主特性综合作用的结果。也就是说，病原对宿主的感染力和使宿主的致病力表现出很大差异，这不仅取决于病原本身的特性（致病力和毒力），也与猪的遗传易感性和宿主的免疫状态以及环境因素有关。

（一）感染过程的表现

1. 病原体被清除

病原体进入猪体后，可被处于机体防御第一线的非特异性免疫屏障如胃酸所清除（大肠杆菌），也可以由事先存在于体内的特异性被动免疫（来自母体或人工注射的抗体）所中和，或特异性主动免疫（通过预防接种或感染后获得的免疫）所清除。

2. 隐性感染

隐性感染又称亚临床感染，是指病原体侵入猪体后，仅引起机体发生特异性的免疫应答，而不引起或只引起轻微的组织损伤，因而在临床上不显出任何症状、体征、甚至生化改变，只能通过免疫学检查才能发现

在大多数传染病（如流行性乙型脑炎）中，隐性感染是最常见的表现，其数量远远超过显性感染（10 倍以上）。显性感染过程结束以后，大多数猪获得不同程度的特异性主动免疫，病原体被清除。少数猪转变为病原携带状态，病原体持续存在于体内，称为健康携带者，如仔猪副伤寒、猪瘟等。

3. 显性感染

显性感染又称临床感染，是指病原体侵入猪体后，不但引起机体发生免疫应答，而且通过病原体本身的作用或机体的变态反应，而导致组织损伤，引起病理改变和临床表现。

4. 病原携带状态

按病原体种类不同而分为带病毒者、带菌者与带虫者等。按其发生于显性或隐性感染之后而分为恢复期与健康携带者。发生于显性感染临床症状出现之前者称为潜伏期携带者。按其携带病原体持续时间在 3 个月以下或以上而分为急性与慢性携带者。所有病原携带者都有一个共同特点，即不显出临床症状而能排出病原体，因而在许多传染病中如猪瘟、猪繁殖与呼吸综合征等，成为重要的传染来源。

上述感染的 4 种表现形式在不同疫病中各有侧重，一般来说隐性感染最常见，病原携带状态次之，显性感染所占比重最低，但一旦出现，则容易识别。

（二）感染的决定因素

感染取决于病原体的致病能力与动物机体免疫能力双方能量的对比。

1. 病原体的致病能力

（1）侵袭力。侵袭力是指病原体侵入机体并在机体内扩散的能力。有些病原体可直接侵入猪体，如钩端螺旋体。有些细菌如大肠杆菌需要先黏附于肠黏膜表面才能定居下来生产肠毒素或引起感染。有些细菌的表面成分（如沙门氏菌的 Vi 抗原）有抑制吞噬作用的能力而促进病原体的扩散。

（2）毒力。毒力由毒素和其他毒力因子所组成。毒素包括外毒素与内毒素。前者以破伤风和 C 型产气荚膜梭菌肠毒素为代表。后者以革兰阴性杆菌的脂多糖为代表。外毒素通过与靶器官的受体结合，进入细胞内而起作用；内毒素通过激活单核 - 巨噬细胞释放细胞因子而起作用；其他毒力因子有：穿透能力（钩虫丝状蚴）、侵袭能力（痢疾杆菌）、溶组织能力（溶组织内阿米巴）等。

（3）数量。在同一个传染病中，入侵病原体的数量一般与致病能力成正比。不同传染病中，则能引起疾病发生的最低病原体数量差别很大，如在伤寒为 10 万个菌体，志贺痢菌仅为 10 个。

（4）变异性。病原体可因环境或遗传等因素而产生变异。一般来说，在人工培养多次传代的环境下，可使病原体的致病力减弱，如卡介苗（BCG）；在宿主之间反复传播可使致病力增强，如肺鼠疫。病原体的抗原变异可逃避机体的特异性免疫作用而继续引起疾病（如流感）。

2. 动物机体免疫应答能力

机体的免疫应答对感染过程的表现和转归起着重要的作用。免疫应答可分为非特异性与特异性免疫应答两类。

（1）非特异性免疫。非特异性免疫是机体对进入体内的异物的一种清机理。它不牵涉对抗原的识别和二次免疫应答的增强。对机体来说病原体也是一种异物，因而也属于非特异性免疫清除的范围。除了体表屏障作用之外，非特异免疫系统由天然免疫分子（体液因子）和天然免疫细胞（细胞因子）组成。非特异免疫系统在微生物或其他异物进入机体几分钟之内开始应答，因此，能够起到在感染早期限制微生物在体内迅速扩散的作用。

（2）特异性免疫。特异性免疫是指由于对抗原特异性识别而产生的免疫。由于不同病原体所具有的抗原绝大多数是不相同的，故特异性免疫通常只针对一种传染病。感染后的免疫都是特异性免疫，而且是主动免疫。通过细胞免疫）和体液免疫的相互作用而产生免疫应答，分别由 T 淋巴细胞与 B 淋巴细胞来介导。

（三）感染的发生与发展

动物个体感染的发生与发展都有一个共同的特征，就是疾病发展的阶段性。

1. 入侵门户

病原体的入侵门户与发病机制有密切关系，入侵门户适当，病原体才能定居、繁殖及引起病变。如大肠杆菌和沙门氏菌都大多经口感染，破伤风杆菌必须经伤口感染，才能引起病变。

2. 机体内定位

病原体入侵成功并取得立足点后，有以下方式在体内定位：在入侵部位直接引起病（如黄白痢）；在入侵部位繁殖，分泌毒素，在远离入侵部位引起病变（如破伤风）；进入血循环，再定位于某一脏器（靶器官，引起该脏器的病变（如犬病毒性肝炎）；经过一系列的生活史阶段最后在某脏器中定居（如蠕虫病），每个疫病都各自有其规律性。

3. 排出途径

排出病原体的途径称为排出途径，是病猪、病原携带者和隐性感染者有传染性的重要因素。有些病原体的排出途径是单一的，如大肠杆菌只通过粪便排出；有些是多个的，如猪繁殖与呼吸综合征病毒既通过粪便又能通过飞沫排出；有些病原体则存在于血液中，等待虫媒叮咬或输血注射才离开猪体（如乙型脑炎）。病原体排出体外持续时间有长有短，因而不同传染病有不同的传染期。

4. 组织损伤

（1）直接侵犯。病原体借其机械运动及所分泌的酶（如螺旋体）可直接破坏组织，或通过细胞病变而使细胞溶解（如圆环病毒），或通过诱发炎症过程而引起组织坏死（如猪丹毒）。

（2）毒素作用。许多病原体能分泌毒力很强的外毒素选择性地损害靶器官（如破伤风杆菌的神经毒素）或引起功能紊乱（如霍乱肠毒素）。革兰氏阴性杆菌分解后产生的内毒素则可激活单核—巨噬细胞分泌肿瘤坏死因子（TNF）和其他细胞因子而导致发热、休克及播散性血管内凝血（DIC）等现象。

（3）免疫机制。许多传染病的发病机制与免疫应答有关。有些传染病能抑制细胞免疫或直接破坏T细胞（如猪繁殖与呼吸综合征和猪圆环病毒病），还有的病原体通过变态反应而导致组织损伤。

5. 感染后的病理生理变化

（1）发热。发热常见于传染病，但并非传染病所特有。外源性致热原（病原体及其产物、免疫复合物、异性蛋白、大分子化合物、药物等）进入体内，激活单核－巨噬细胞、内皮细胞、B淋巴细胞等，使后者释放内源性致热原如白细胞介素－1、TNF、IL－6、干扰素等。内源性致热原通过血循环刺激下视丘体温调节中枢，使之释放前列腺素E2。后者把衡温点调高使产热超过散热而引起体温上升。

（2）蛋白代谢。肝合成一系列急性期蛋白，其中，C反应蛋白是急性感染的重要标志加快也是血浆内急性期蛋白浓度增高的结果。由于糖原异生作用加速，能量消耗、肌肉蛋白分解增多、进食减少等均可导致负氮平衡与消瘦。

（3）糖代谢。葡萄糖生成加速，导致血糖升高，糖耐量短暂下降，这与糖原异生作用及内分泌影响有关。

（4）水电解质代谢。急性感染时，氯和钠因出汗、呕吐或腹泻而丢失，加上抗利尿素分泌增加、尿量减少、水分潴留而导致低钠血症，至恢复期才出现利尿。由于钾的摄入减少和排出增加而导致钾的负平衡。吞噬细胞被激活后释出的介质则导致铁和锌由血浆进入单核—巨噬细胞系统，故持续感染可导致贫血。由于铜蓝蛋白分泌增多可导致高铜血症。

（5）内分泌改变。在急性感染早期，随着发热开始，由 ACTH 所介导的糖皮质激素和酮固醇在血中浓度即升高，其中糖皮质激素水平可高达正常的 2 ~ 5 倍。但在败血症并发肾上腺出血时，则可导致糖皮质激素分泌停止。

（6）在发热开始以后，醛固酮分泌增加，导致氯和钠的潴留。中枢神经系统感染时由于抗利尿素分泌增加而导致水潴留。

（7）在急性感染早期，胰高血糖素和胰岛素的分泌有所增加，血中甲状腺素水平在感染早期因消耗增多而下降，后期随着垂体反应刺激甲状腺素分泌而升高。

二、猪疫病群体发病规律

猪疫病群体发病也就是疫病的流行过程，是指疫病在猪群中发生、发展和转归的过程。流行过程的发生需要有 3 个基本条件，就是传染源、传播途径和畜（人）群易感性。流行过程本身又受社会因素和自然因素的影响。

（一）猪疫病流行的 3 个基本条件

1. 传染源

传染源是指病原体已在体内生长繁殖并能将其排出体外的动物机体，也就是上述感染了的动物个体。

（1）病畜。病畜是重要的传染源，急性病畜借其症状（咳嗽、吐、泻）而促进病原体的播散；慢性病畜可长期污染环境；轻型病畜数量多而不易被发现；在不同传染病中其流行病学意义各异。

（2）隐性感染者。在某些传染病（沙门氏菌病、猪丹毒）中，隐性感染者是重要传染源。

（3）病原携带者。慢性病原携带者不显出症状而长期排出病原体，在某些传染病（如伤寒、猪喘气病）有重要的流行病学意义。

（4）受感染的人。某些传染病，如人型结核，也可传给动物，引起严重疾病。

2. 传播途径

病原体离开传染源后，到达另一个易感者的途径，称为传播途径。

传播途径由外界环境中各种因素所组成，从最简单的一个因素到包括许多因素的复杂传播途径都可发生。

（1）空气、飞沫、尘埃。主要见于以呼吸道为进入门户的传染病，如猪喘气病、繁殖与呼吸综合征等。

（2）饮水、饲料、苍蝇。主要见于以消化道为进入门户的传染病，如黄白痢、猪痢疾等。

（3）用具。用具又称日常生活接触传播，既可传播消化道传染病（如黄白痢），也可传播呼吸道传染病（如繁殖与呼吸综合征）。

（4）吸血节肢动物。吸血节肢动物又称虫媒传播，见于以吸血节肢动物（蚊子、跳蚤等）为中间宿主的传染病如乙型脑炎等。

（5）土壤。当病原体的芽孢（如破伤风、炭疽）污染土壤时，则土壤成为这些传染病的传播途径。

（6）垂直传播。可经胎盘、卵及产道传播。

3. 猪群易感性

对某一传染病缺乏特异性免疫力的动物（人）称为易感动物（者），易感动物（者）在某一特定畜（人）群中的比例决定该畜（人）群的易感性。

易感动物（者）的比例在畜（人）群中达到一定水平时，如果又有传染源和合适的传播途径时，则传染病的流行很容易发生。

某些病后免疫力很巩固的传染病（如猪瘟），经过一次流行之后，要待几年后当易感者比例再次上升至一定水平，才发生另一次流行。这种现象称为流行的周期性。

在普遍推行人工自动免疫的干预下，可把易感者水平降至最低，就能使流行不再发生。

（二）猪疫病流行过程的影响因素

1. 自然因素

自然环境中的各种因素，包括地理、气象称生态等条件对流行过程的发生和发展发挥着重要的影响。

（1）虫媒疫病对自然条件的依赖性尤为明显。疫病的地区性和季节性与自然因素有密切关系，如乙型脑炎的严格夏秋季发病分布。

（2）自然因素可直接影响病原体在外环境中的生存能力，也可通过降低机体的非特异性免疫力而促进流行过程的发展，如寒冷可减弱呼吸道抵抗力。

（3）某些自然生态环境为传染病在野生动物之间的传播创造良好条件，如鼠疫、钩端螺旋体病等，人类进入这些地区时亦可受感染，称为自然疫源性传染病。

2. 社会因素

社会因素包括社会制度、经济和生活条件以及文化水平等，对传染病流行过程有决定性的影响。社会因素对传播途径的影响是最显而易见的。钉螺的消灭、饮水卫生、粪便处理的改善，导致血吸虫病、霍乱被控制或消灭就是明证。开发边远地区、改造自然、改变有利于传染病流行的生态环境，有效地防治自然疫源性传染病，说明社会因素又作用于自然因素而影响流行过程。

第二章 猪场疾病防疫措施

第一节 消灭传染源

一、疫病的诊断

正确的早期诊断是有效治疗的先决条件，又是早期隔离患畜（者）所必需。疫病的诊断要综合分析下列 3 个方面的资料。

（一）临床资料

全面而准确的临床资料来源于详尽的病史和全面的体格检查。临床检查是利用人的感官或借助一些最简单的器械如体温计、听诊器等直接对病畜进行检查；对一些具有特征临床特征的典型病例意义重大。热型及伴随症状、腹泻、头痛、黄疸等症状都要从鉴别诊断的角度来加以描述。进行体格检查时，不要忽略有诊断意义的体征，如疹斑等。

（二）流行病学资料

流行病学资料在传染病的诊断中占有重要的地位。由于某些传染病在发病年龄、季节及地区方面有高度选择性，考虑诊断时必须取得有关流行病学资料作为参考。预防接种史和过去病史有助于了解患畜免疫状况，当地或同一群体中传染病发生情况也有助于诊断。

（三）实验室检查

传染病的诊断具有特殊的意义，因为病原体的检出和分离培养可直接确定诊断，而免疫学检查亦可提供重要根据。对许多传染病来说，一般实验室检查对早期诊断也有很大帮助。

1. 一般实验室检查

包括血液，大、小便常规检查和生化检查。

（1）血液常规检查中以白细胞计数和分类的用途最广。白细胞总数显著增多常见于化脓性细菌感染如败血症；革兰阴性杆菌感染时白细胞总数往往升高不明显甚至减少，例如，布氏菌病、伤寒及副伤寒等。病毒性感染时白细胞总数通常减少或正常，如流感、病毒性肝炎等。嗜酸粒细胞减少则常见于伤寒、流行性脑脊髓膜炎等。

（2）尿常规检查有助于钩端螺旋体病和流行性出血热的诊断，大便常规检查有助于感染性腹泻的诊断。

（3）生化检查有助于肝炎的诊断。

2. 病理学检查

因传染病死亡的畜禽，都有一定的病理变化。可作为诊断的依据。有些病，如猪瘟、ND、IBD、MD 和猪喘气病等具有特征性病理变化，有很大的诊断价值。

3. 病原学检查

（1）病原体的直接检出。许多传染病可通过显微镜或肉眼检出病原体而确诊。如钩体、链球菌病。病原体分离：① 细菌、螺旋体通常可用人工培养基分离培养，如伤寒杆菌、痢疾杆菌、钩端螺旋体。②立克次体则需要动物接种或组织培养才能分离出来，如斑疹伤寒。③病毒分离一般需用组织培养。

（2）用以分离病原体的检材可采自血液、尿、粪、皮疹等。采集标本时应注意病程阶段，有无应用过抗微生物药物，及标本的保存与运送。

4. 分子生物学检测

利用同位素或生物素标记的分子探针可以检出特异性的病毒核酸，如乙型肝炎病毒 DNA，或检出特异性的毒素如大肠杆菌肠毒素。聚合酶链反应（PCR）能把标本中的 DNA 分子扩增 100 万倍以上，用于病毒病和其他病原体核酸检测，可显著提高灵敏度。

5. 免疫学检测

应用已知抗原或抗体检测血清或体液中的相应抗体或抗原，是最常用的免疫学检查方法，若能进一步鉴定其抗体是属于 IgG 或 IgM 型，对近期感染或过去发生过的感染有鉴别诊断意义。免疫学检测还可用于判断受检者的免疫功能是否有所缺损。

（1）特异性抗体检测。特异性抗体检测又称血清学检查。在传染病早期，特异性抗体在血清中往往未出现或滴度很低，而在恢复期或后期则抗体滴度有显著升高，故在急性期及恢复期双份血清检测其抗体由阴性转为阳性或滴度升高 4 倍以上时往往有重要的意义。过去感染过某病原体或曾接受预防接种者，再感染另一病原体时，原有抗体滴度亦可升高（回忆反应），但双份血清抗体滴度升高常在 4 倍以下，可鉴别。

①凝集反应：常用于检测伤寒、副伤寒、布病。

②沉淀反应：使用可溶性抗原，进行琼脂扩散、对流免疫电泳等。

③补体结合反应：常用于病毒感染的诊断。中和反应。

④酶联免疫吸附试验：测定具有灵敏度高、操作简便，设备条件要求较低，易于推广应用。

⑤免疫荧光：具有快速诊断的作用。

⑥放射免疫测定（RIA）：有灵敏度和特异性较高的优点，但设备条件要求较高。

（2）特异性抗原检测。病原体特异性抗原的检测有助于在病原体直接分离培养不成功的情况下，提供病原体存在的直接证据。诊断意义往往较抗体检测更为可靠。

（3）皮肤试验。用特异性抗原作皮内注射，通过皮肤反应了解受试者对该抗原的变态反应。例如结核病和布病的检疫。

二、疫病的治疗

（一）治疗原则

治疗传染病的目的，不但在于促进患者的康复，还在于控制传染源，防止进一步传播。要坚持综合治疗的原则，即治疗、护理与隔离、消毒并重，一般治疗、对症治疗与特效治疗并重的原则。

（二）治疗方法

1. 一般疗法

包括隔离，护理。病猪的隔离按其传播途径和病原体排出方式及时间而异。良好的护理对于保证病猪处于一个舒适而卫生的环境，各项诊断及治疗措施的正确执行和密切观察病情变化，具有非常重要的意义。

2. 支持疗法

包括适当的营养。如在不同疾病过程中的各种合理饮食、足量维生素供给、增强病猪体质和免疫功能，如各种血液和免疫制品的应用以及维持患者水和电解质平衡等各项必要的措施。这些措施对调动病猪机体防御和免疫功能，起重要的作用。

3. 病原或特效疗法

针对病原体的疗法具有清除病原体的作用，达到根治和控制传染源的目的。常用药物有抗生素、化学治疗制剂和血清免疫制剂等。针对细菌的药物主要为抗生素与化学制剂，针对病毒的药物除少数外目前还在试验阶段，疗效还不理想。血清免疫学制剂包括破伤风抗毒素、干扰素和干扰素诱导剂等。

4. 对症疗法

减轻或消除症状。退热、止痛、镇静、强心改善微循环等。使病猪度过危险期，以便机体免疫功能及病原疗法得以发挥其清除病原体作用，促进和保证康复。

5. 中医中药

对调整病猪各系统功能起相当重要的作用，某些中药如黄连、鱼腥草、板蓝根等还有抗微生物作用。

三、隔离和封锁

（一）隔离

隔离病畜和可疑感染的病畜是防制传染病的重要措施之一。隔离病畜是为了控制传染源，防止病畜继续受到传染，以便将疫情控制在最小范围内加以就地扑灭。

根据诊断检疫的结果，可将全部受检家畜分为病畜、可疑感染家畜和假定健康家畜等三类，以便分别对待。

1. 病畜

病畜是危险性最大的传染源，应选择不易散播病原体、消毒处理方便的场所或房舍进行隔离。

2. 可疑感染家畜

未发现任何症状，但与病畜及其污染的环境有过明显的接触。这类家畜有可能处在潜伏期，并有排菌的危险，应在消毒后另选地方将其隔离观察，出现症状的则按病畜处理。有条件时，应立即进行紧急免疫接种或预防性治疗。

3. 假定健康家畜

除上述两类外，疫区内其他易感家畜都属于此类。应与上述两类严格隔离饲养，加强防疫消毒和相应的保护措施，立即进行紧急免疫接种。

（二）封锁

当爆发某些重要传染病时，除严格隔离病畜之外，还应采取划区封锁的措施，以防止疫病向安全区散播和健畜误入疫区而被传染。当确诊为口蹄疫、猪水疱病、猪瘟、非洲猪瘟等一类传染病划定疫区范围，进行封锁。封锁的目的是把疫病控制在封锁区之内，发动群众集中力量就地扑灭。

执行封锁时应掌握"早、快、严、小"的原则，亦即执行封锁应在流行早期，行动果断迅速，封锁严密，范围不宜过大。根据我国"家畜家禽防疫条例"规定的实施细则，具体措施如下。

1. 封锁的疫点应采取的措施

（1）严禁人、畜禽、车辆出入和畜禽产品及可能污染的物品运出。

（2）对病死畜禽及其同群畜禽，采取扑杀、销毁或无害化处理等措施。

（3）疫点出入口必须有消毒设施，疫点内用具、圈舍、场地必须进行严格消毒。

2. 封锁的疫区及受威胁区应采取的主要措施

（1）威胁区内的易感动物应及时进行预防接种，以建立免疫带。

（2）管好本区易感动物，禁止出入疫区，并避免饮用疫区流过来的水。禁止从封锁区购买牲畜、草料和畜产品。

（3）对设于本区的屠宰场、加工厂、畜产品仓库进行兽医卫生监督，拒绝接受来自疫区的活畜及其产品。

3. 解除封锁

（1）疫区内最后一头病畜禽扑杀或痊愈后，经过该病一个潜伏期以上的检测、观察、未再出现病畜禽时，经彻底消毒清扫，由县级以上农牧部门检查合格后，由原发布封锁令的政府发布解除封锁后，并通报毗邻地区和有关部门。

（2）疫区解除封锁后，病愈畜禽需根据其带毒时间，控制在原疫区范围内活动，不能将它们调到安全区去。

第二节　切断传播途径

对于消化道传染病、虫媒传染病以及许多寄生虫病来说，切断传播途径通常是起主作用的预防措施，而其中又以消毒、杀虫和灭鼠为中心的一般卫生措施为重点。本节主要介绍消毒。

消毒

是指用化学、物理、生物的方法杀灭或消除环境中的致病微生物，达到无害化。消毒是传染病防治工作中的重要环节，是切断传染病传播途径的有效措施之一，借以阻止和控制传染的发生。

（一）消毒的种类

①终末消毒：当患畜（者）痊愈或死亡后，对其原居地进行的最后一次彻底的

消毒。

②随时消毒：指对传染源的排泄物、分泌物及其所污染的物品及时进行消毒。

③预防性消毒：是指未发现传染源，对可能受病原体污染的场所、物品和人体所进行的消毒措施。如饮水消毒、手术室和医护人员手的消毒等。

（二）消毒的方法

1. 物理消毒法

（1）热力灭菌法。包括煮沸消毒；高压蒸汽灭菌；预真空型压力蒸汽灭菌；巴氏消毒法；干热灭菌法；火烧等。

（2）辐射消毒法。可分为非电离辐射：包括紫外线、红外线和微波。电高辐射，有丙种射线和高能电子束两种。可在常温下对不耐热物品灭菌有广谱杀菌作用；灭菌效果可靠，设备昂贵，国外多用于精密医疗器械、生物医学制品和一次性医用产品等的灭菌。

2. 化学消毒法

用化学消毒药物作用于微生物和病原体，使其蛋白变性而死亡。

（1）高效消毒剂。能杀灭包括细菌芽孢、真菌孢子在内的各种微生物。如2%碘酊、戊二醛、过氧乙酸、甲醛、环氧乙烷等消毒剂。含氯制剂和碘伏则居于高与中效消毒效能之间。

（2）中效消毒剂。能杀灭除细菌芽孢以外的各种微生物，如乙醇、部分含氯制剂、氧化剂、溴剂等消毒剂。

（3）低效消毒剂。只能杀灭细菌繁殖体和亲脂类病毒，对真菌也有一定的作用。如汞、洗必泰及某些季铵盐类消毒剂。

（三）消毒效果检查

①物理测试法：是通过仪表来测试消毒时的温度、压力及强度等。

②化学指示剂测试法：其颜色变化能指示灭菌时所达到的温度。

③生物指示剂测试法：利用非致病菌芽孢作为指示菌以测定灭菌效果。

④自然菌采样测定法：用于表面消毒效果检查。

⑤无菌检查法：检查样品中的需氧菌、厌氧菌及真菌，除阳性对照外，其他各管均不得有菌生长。

第三节　保护易感畜群

保护易感畜群，可通过预防接种，加强饲养管理提高非特异性免疫力和药物预防3个方面进行。

一、免疫接种

免疫接种是激发动物机体产生特异性抵抗力，使易感动物转化为不易感动物的一种手段。有组织有计划地进行免疫接种，是预防和控制畜禽传染病的重要措施之一，在某些疫病如猪瘟、猪伪狂犬病、猪繁殖与呼吸综合征等病的防治措施中，免疫接种更具有关键性的作用。

（一）预防接种

在经常发生传染病或传染病潜在的地区，或受某些传染病经常威胁的地区，在平时有计划地给健康畜群进行的免疫接种，称为预防接种。

预防接种通常使用疫苗、菌苗、类毒素等生物制剂作抗原激发免疫。用于人工自动免疫的生物制剂可统称为疫苗（菌苗、疫苗和类毒素）。采用皮下、皮内，肌肉注射或皮肤刺种、点眼、滴鼻、喷雾、口服等不同的接种方法，接种后经一定时间可获得数月至一年以上的免疫力。

1. 注意事项

（1）应有周密的计划。应对当地各种传染病的发生和流行情况进行调查了解。拟订预防接种计划。有时也进行计划外的预防接种。例如，输入或运出家畜时，为了避免在运输途中或到达目的地后爆发某些传染病而进行的预防接种。

（2）接种前，应注意其健康情况、年龄大小、是否怀孕或泌乳以及饲养条件的好坏等情况。成年的、体质健壮或饲养管理条件较好的家畜，接种后会产生较坚强的免疫力。反之，幼年的、体质弱的、有慢性病或饲养管理条件不好的家畜，接种后产生的抵抗力就差些，也可能引起较明显的接种反应。怀孕母畜，有时会发生流产或早产，或者可能影响胎儿的发育，泌乳期的母畜或产卵期的家禽预防接种后，有时会暂时减少产奶量或产卵量。

（3）对那些幼年的、体质弱的、有慢性病的和怀孕后期的母畜，如果不是已经受到传染的威胁，最好暂时不接种。对那些饲养管理条件不好的家畜，在进行预防接种的同时，必须创造条件改善饲养管理。

2. 预防接种的反应

（1）正常反应。正常反应是指由于制品本身的特性而引起的反应，其性质与反应强度随制品而异。进一步研究，改进质量和接种方法，是可以逐步解决的。

（2）严重反应。严重反应某一批生物制品质量较差或是使用方法不当，如接种剂量过大、接种途径错误等或是个别动物对某种生物制品过敏。这类反应通过严格控制制品质量和遵照使用说明书可以减少到最低限度，只有在个别特殊敏感的动物中才会发生。

（3）并发症。并发症指与正常反应性质不同的反应。主要包括：超敏感（血清病、过敏休克、变态反应等）；扩散为全身感染和诱发潜伏感染（如鸡 ND 疫苗气雾免疫时可能诱发 CRD 等）。

3. 合理的免疫程序

一个地区可能发生的传染病不止一种，往往需用多种疫苗来预防不同的病，也需要根据各种疫苗的免疫特性来合理地制订预防接种的次数和间隔时间，这就是所谓的免疫程序。

免疫过的怀孕母畜所产仔畜体内在一定时间内有母源抗体存在，对建立自动免疫有一定影响，幼龄畜禽免疫接种往往不能获得满意结果。据试验，如以猪瘟为例，母猪于配种前后接种猪瘟疫苗者，所产仔猪从初乳获得母源抗体，在 20 日龄以前对猪瘟具有坚强免疫力，30 日龄以后母源抗体急剧衰减，至 40 日龄以后几乎完全丧失。哺乳仔猪如在 30 日龄左有首免，65 日龄左右进行第二次免疫接种，这是目前国内认为较合适的猪瘟免疫程序。

目前，国际上无可供统一使用的免疫程序，需制订出合乎本地区、本牧场具体情况的免疫程序。

（二）紧急接种

是在发生传染病时，为了迅速控制和扑灭疫病的流行，而对疫区和受威胁区尚未发病的畜禽进行的应急性免疫接种。

（1）使用免疫血清较为安全有效。但血清用量大，价格高，免疫期短，使用某些疫苗进行紧急接种是切实可行的。猪瘟、口蹄疫等一些急性传染病时，已广泛应用疫苗作紧急接种，取得较好的效果。

（2）必须对所有受到传染威胁的畜禽逐头进行详细观察和检查，仅能对正常无病的畜禽以疫苗进行紧急接种。

（3）对病畜及可能已受感染的潜伏期病畜，必须在严格消毒的情况下立即隔离，不能再接种疫苗。

（4）由于在外表正常无病的畜禽中可能混有一部分潜伏期患者，这一部分患畜在接种疫苗后不能获得保护，反而促使它更快发病，因此，在紧急接种后一段时间内畜群中发病反有增多的可能，但由于这些急性传染病的潜伏期较短，而疫苗接种后又很快就能产生抵抗力，因此，发病不久即可下降，终于能使流行很快停息。

（5）紧急接种是在疫区及周围的受威胁区进行，其目的是建立"免疫带"以包围疫区，就地扑灭疫情，但这一措施必须与疫区的封锁、隔离、消毒等综合措施相配合，才能取得较好的效果。

二、药物预防

药物预防是为了预防某些疫病，在畜群的饲料饮水中加入某种安全的药物进行集体的化学预防，在一定时间内可以使受威胁的易感动物不受疫病的危害，这也是预防和控制畜禽传染病的有效措施之一。

猪场可能发生的疫病种类很多，有些病目前已研制出有效的疫苗，还有不少病尚无疫苗，有些病虽有疫苗但实际应用还有问题。因此，应用药物防治也是一项重要措施。群体防治应使用安全而廉价的化学药物加入饲料和饮水中进行的群体化学预防，即所谓保健添加剂。常用的有磺胺类药物、抗生素和呋喃类药、氟哌酸、唾乙醇等。在饲料中添加上述药物对预防仔猪腹泻、雏鸡白痢、猪气喘病、鸡慢性呼吸道病等有较好效果。长期使用化学药物预防，容易产生耐药性菌株，影响防治效果，长期使用抗生素等药物预防某些疾病如仔猪大肠杆菌病、雏鸡沙门氏菌病等还可能对人类健康带来严重危害，因为一旦形成耐药性菌株后，如有机会感染人类，则往往会贻误疾病的治疗。因此，目前在某些国家倾向于以疫苗来防制这些疾病，而不主张采用药物预防的方法。

第三章　猪的烈性传染病

第一节　猪　瘟

　　猪瘟（*Classical Swine Fever*，CSF）是由猪瘟病毒（CSFV）引起的一种急性热性传染病，各种年龄阶段的猪都可感染发病，该病被国际动物卫生组织（OIE）列为 A 类传染病，我国将其列为一类传染病。

　　猪瘟俗称"烂肠瘟"，在美国称为猪霍乱，在英国称为猪热病。1833 年，在美国首次发现猪瘟。1903 年，De Schweinitz 和 Dorset 证明猪瘟的病原体是病毒。1908 年，匈牙利科学家制成了猪瘟高免血清。近几十年，世界许多国家都在致力于消灭猪瘟的工作，使用了可靠有效的疫苗，研制了特异性强且快速的诊断方法，根据本国实际情况制定了相应的兽医法规，采取了严格的防疫措施。

一、病原

　　猪瘟病毒属于黄病毒科瘟病毒属，同属于瘟病毒属还有牛病毒性腹泻病毒和绵羊边界病毒，各瘟病毒之间具有较高的基因同源性。猪瘟病毒是单链正 RNA 病毒，病毒粒子呈球形，核衣壳为 20 面体立体对称，有囊膜。全基因组大小约 12.3Kb，包含单一开放性阅读框架编码 3 898 个氨基酸。猪瘟病毒是相对稳定的 RNA 病毒，但其抗原性和遗传学变化很大，不同毒株之间还可能进行重组。

　　从 N 端至 C 端猪瘟病毒的各个蛋白依次为 Npro、C、E^{rns}、E1、E2、p7、NS2、NS3、NS4A、NS4B、NS5A 和 NS5B。猪瘟病毒的囊膜蛋白由 E^{rns}、E1 和 E2 构成，E2 和 E^{rns} 暴露在外面形成病毒的保护性抗原蛋白，能够诱导机体产生体液免疫反应，在免疫应答中形成的抗体具有免疫中和作用。其中，E2 是最主要的保护性抗原，E^{rns} 是第二位的保护性抗原，而 C 蛋白和 E1 则不能诱导产生中和性抗体。C 蛋白在病毒繁殖过程中起到重要作用，可以通过调控猪瘟病毒基因促进病毒进入到宿主核内。E^{rns} 具有 RNase 活性，与病毒复制及感染宿主细胞有关，具有神经毒害和免疫抑制作用，能引起淋巴细胞凋亡和内皮细胞坏死，在猪瘟发病机制方面起到决定性作用。E2 作为猪瘟病毒主要保护性抗原，与猪瘟病毒各毒株的致病力有关。

　　猪瘟病毒只有一个血清型，但病毒株的毒力有强、中、弱之分。猪群感染猪瘟病毒后临床发病症状与猪瘟病毒毒力强弱有直接关系：强毒株引起易感动物急性感染或亚急性感染而出现典型发病症状；中等毒力毒株只引起慢性感染而出现非典型症状；而低毒力毒株则不发病，不引起任何临床症状。

猪瘟病毒对腐败、干燥的抵抗力不强，在自然干燥中能迅速死亡，在腐败尸体中能存活 2~3d。但病毒对寒冷的抵抗力较强，-25℃病毒毒力能保持 1 年以上，在冻猪肉中可存活几个月，甚至数年，并能抵抗盐渍和烟熏。病毒对常用消毒药的抵抗力较强。对猪瘟病毒污染的圈舍、用具、食槽等最有效的消毒剂是 2%~4% 烧碱（冬季为防止烧碱结冰，可加入 5% 食盐）、5%~10% 漂白粉、0.1% 过氧乙酸等。

二、流行病学

在澳大利亚、新西兰、智利及乌拉圭等国已宣布根除猪瘟，但本病在亚洲仍然流行。我国长期对猪群免疫接种猪瘟病毒兔化弱毒疫苗（C-株），基本控制了猪瘟的大流行。当前猪瘟在我国流行特点主要呈现地区性散发性流行，发病特点表现以非典型性猪瘟为主的持续性感染和混合感染现象。

家猪和野猪是猪瘟病毒的自然宿主，不同年龄、品种、性别的猪均易感。病猪是本病的主要传染源，可从其器官组织、粪便、尿液、分泌物中分离出病毒。易感动物与患病猪只发生直接接触，或食入含有猪瘟病毒的饲料、饮水和组织污染物而感染。也可通过吸入含有大量病毒的飞沫和尘埃后感染发病。在人工授精时，使用含猪瘟病毒的精液，可使病毒在不同猪群之间传播。本病毒能通过母猪胎盘屏障而感染胎儿，感染胎儿的转归与胎儿的感染时间以及病毒的毒力等有关。胚胎期感染病毒后出生的仔猪表面健康，但对猪瘟疫苗发生免疫耐受，免疫后不能产生猪瘟病毒抗体，并持续数月排出大量的猪瘟病毒。

三、诊断

（一）临床症状

猪瘟仍是当前危害我国养猪业最重要的传染性疾病之一，临床上主要表现为急性感染和持续性感染形式。急性猪瘟感染主要表现为猪群感染猪瘟病毒强毒后会出现明显的猪瘟症状，导致大多数发病猪死亡，但部分病猪可能转变为慢性感染。而持续性感染主要是猪群感染中等毒力或低毒力的猪瘟病毒（或者猪群感染强毒株耐过后转变为慢性感染），虽然感染猪发病初期会出现猪瘟症状，但这些感染猪群能够存活很长一段时间而呈现持续感染状态。养猪场如果存在有隐性带毒感染猪（尤其是种猪）会对整个猪群造成潜在危害，这种隐性感染猪会长期向外排毒而感染其他易感猪群。最常见的现象是隐性感染猪群免疫抑制和"带毒母猪综合征"。

猪瘟感染引起的免疫抑制主要表现为感染猪免疫机能低下，对疫苗免疫应答能力差，感染猪抵抗疾病能力差，常容易继发感染或混合感染其他疾病而死亡。母猪带毒综合征则主要是母猪体内长期存在猪瘟病毒但不表现临床症状，猪瘟病毒可以通过胎盘感染胎儿引起流产、早产等繁殖障碍疾病，母猪产下死胎、弱胎及木乃伊胎。仔猪先天性感染猪瘟病毒后会引起免疫机能抑制，容易继发感染或混合感染其他疾病，是引起仔猪死亡的重要因素之一。

1. 急性型

急性型是由猪瘟病毒强毒株引起，多见于流行初期。病猪食欲减退，嗜睡，体温升高达41℃左右，呈稽留热。结膜发炎，脓性分泌物将上下眼睑粘住，流出脓性鼻液。呼吸困难，行动缓慢，头下垂，弓背，寒战，口渴，头尾下垂。先便秘后腹泻，粪便恶臭，带有黏液或血液。病猪的下腹部、耳根、四蹄、嘴唇、外阴等处可见针尖状出血点，逐渐发展为出血斑。公猪包皮发炎，内积有尿液，用手挤压后流出浑浊灰白色恶臭液体。哺乳仔猪主要出现神经症状，表现磨牙、后退、转圈、痉挛、抽搐、强直及游泳状，甚至昏迷，最终死亡。怀孕母猪出现流产，产死胎、木乃伊胎，产出震颤的弱仔猪或外观健康但已感染带毒的仔猪。

2. 慢性型

慢性型多由急性型转变而来。体温时高时低，主要表现消瘦，贫血，全身衰弱，不太缓慢无力，常伏卧，食欲减退，便秘和腹泻交替。有的病猪在耳部、尾尖及四肢皮肤上出现紫斑或坏死痂。病程一般1个月以上，最后衰弱死亡，耐过猪成为僵猪。妊娠母猪发生流产，产死胎、弱胎。

3. 迟发型

迟发型是先天感染的后遗症。感染猪出生后一段时间内不表现症状，体温正常，数月后出现轻度厌食、不愿走动，出现结膜炎，后驱麻痹。皮肤常无出血点，但腹下多见淤血和坏死。

（二）病理变化

1. 急性型

急性型由小血管变性引起的全身皮肤、黏膜和内脏器官不同程度的出血。全身淋巴结肿胀、多汁，充血、出血，呈紫黑色，切面呈红白相间的大理石样纹理；脾脏表面及边缘可见出黑红色坏死斑块，突出于被膜表面的血性梗死，最具有猪瘟诊断意义。肾脏色泽变淡，表面有密集或散在的大小不一的出血点或出血斑，俗称雀斑肾。大肠的盲肠、回盲瓣口及结肠黏膜形成特征性的纽扣状溃疡。喉头、会厌软骨、膀胱、咽部有不同程度的出血点或出血斑。

2. 慢性型

慢性型主要表现为坏死性肠炎，全身性出血变化不明显。在回盲瓣口、盲肠及结肠黏膜上形成同心轮状的纽扣状溃疡，突出于黏膜面，呈黑褐色，中央凹陷。全身淋巴结组织萎缩。由于磷钙代谢扰乱，断奶仔猪肋骨末端与软骨交界处的骨化障碍，可见黄色骨化线。

3. 迟发型

迟发型主要表现胸腺萎缩，淋巴结水肿、轻度出血，肾脏出血，膀胱黏膜有少量出血点，脾脏稍肿胀。

（三）实验室诊断

1. 病毒的分离培养

猪瘟病毒抗原的检测最可靠的方法是进行病毒分离来检测样品中是否有猪瘟病毒的存在，实验室用来分离猪瘟病毒的细胞系为猪肾细胞，常用PK-15。该方法是将病料经过无菌处理后接种到细胞上进行培养分离病毒，由于猪瘟病毒在 PK-15 和 SK6 细胞上增殖后并不产生病变，所以，借助直接或间接免疫荧光的方法以及免疫过氧化物酶实验来检测猪瘟病毒是否存在。病毒分离方法依然是检测猪瘟病毒最可靠的检测方法，但是病毒分离方法步骤复杂以及耗时长等缺点，依赖于细胞培养等条件，不适合大规模范围的检测。

2. 免疫荧光法和免疫过氧化物酶法

这两种方法样品需要通过处理制成冰冻切片或者石蜡切片，需要借助猪瘟病毒单克隆抗体或者多克隆抗体，应用抗原抗体特异性反应原理，通过荧光或过氧化物酶酶的放大效应检测样品中是否存在有猪瘟病毒。这两种方法在操作过程中会出现非特异性吸附现象而干扰检测结果，需要操作人员丰富的经验，比其他检测方法敏感性和特异性差。

3. RT-PCR 方法

随着现代分子生物学技术的发展，各种有关猪瘟病毒检测的 RT-PCR 方法建立起来，并在临床检测猪群感染猪瘟病毒中得到广泛应用。猪瘟病毒野毒株和疫苗毒株之间基因序列差异性，根据基因序列差异部分设计特异性因物建立起多重 RT-nPCR 方法，能够区分猪瘟病毒感染猪群中野毒株和疫苗毒株，并且证明具有很高的特异性和敏感性。荧光定量 RT-PCR 方法在不仅具有很高的特异性和敏感性，同时，还能检测出猪瘟感染猪体内病毒滴度，并证实感染猪体内病毒滴度与猪瘟临床症状之间有明显的相关性。实时 RT-PCR 方法在检测猪瘟病毒应用中可以检测出感染猪体内病毒在各器官中分布情况，研究表明，在感染 1~2 天能在血液和扁桃体中检测到猪瘟病毒，证明实时 RT-PCR 方法能够检测出猪群早期感染。比较不同猪瘟病毒抗原检测方法表明：病毒分离准确性高，但操作步骤复杂且时间长；RT-PCR 方法检测敏感性高，可以应用于猪瘟病毒感染的早期诊断，但操作方面技术要求比较高；ELISA 方法虽然操作简单、快速敏感，可进行大批量检测，但检测结果出现一定比例的假阴性。基于单克隆抗体建立起的检测猪瘟病毒抗原的 ELISA 具有简单快捷，容易操作，但存在无法区分野毒和疫苗毒毒株以及在敏感性和特异性方面不及 RT-PCR 方法等缺点。

4. 抗体检测方法

血清学检测是诊断和监测流行性疾病的有效方法。在无猪瘟病毒的国家和地区可以通过检测猪群中是否有猪瘟病毒抗体来检查猪群是否感染猪瘟病毒，而在存在猪瘟的国家和地区往往通过免疫疫苗的方法结合评估猪群的抗体水平来预防控制猪瘟的流行传播。当前猪瘟实验室诊断方法主要存在的问题之一是如何有效地区分猪瘟病毒野毒株和疫苗毒株的感染，虽然特异性 RT-PCR 能够区分病毒野毒和疫苗毒感染，但其对技术性要求过高，不适合大量的流行病学调查。在抗体检测方面最常用的方法是病毒中和试验和酶联免疫吸附试验。虽然病毒中和试验是最可靠的检测方法，但其存在耗时长、程序复杂等缺点，需要依赖于细胞培养，所以，不适合于临床大规模血清学检测猪瘟病毒抗体。而酶联免疫吸附试验（ELISA）具有操作简单、敏感性高、快速、易标准化等优点，适合于大规模血清学检测。早期应用于猪瘟病毒抗体检测的 ELISA 是以猪瘟病毒全病毒粒子为抗原，但是由于猪瘟病毒培养技术复杂及成本过高，不利于批量化生产。同时，猪瘟病毒与其他瘟病毒属成员（BVDV 和 BDV）之间具有免疫交叉反应，所以以全病毒粒子为抗原的 ELISA 检测结果通常出现一定的假阳性。猪瘟病毒主要的免疫原性蛋白包括 E^{rns}、E2 和 NS3，但是由于猪瘟病毒 NS3 与其他瘟病毒 NS3 之间基因具有高度同源性，它们之间抗体具有强的免疫交叉反应性，所以，NS3 建立的 ELISA 不利于猪瘟病毒和其他瘟病毒感染抗体的区分。

随着基因工程技术的发展，研究人员利用基因克隆技术将猪瘟病毒主要抗原蛋白 E2 和 E^{rns} 用原核表达系统在大肠杆菌中表达，或者利用真核表达系统在真核生物细胞中表达，采用重组蛋白作为抗原建立起 ELISA 方法用于猪瘟病毒抗体的检测。猪瘟病毒 E^{rns} 在大肠杆菌中表达的重组融合蛋白分子量大小只有 31kDa，表明 E^{rns} 基因以外源基因作为载体在原核生物细胞中只表达骨架蛋白，并不能形成其糖基部分，这可能对重组蛋白识别猪体内 E^{rns} 特异性抗体有一定的影响。虽然 Western-Blotting 分析表明重组蛋白可与猪瘟病毒特异性阳性血清反应，但以 E^{rns} 重组蛋白为抗原建立起的 ELISA 在临床检测应用中，存在敏感性低的缺陷。

四、综合防治

猪瘟流行爆发给养猪业、国际贸易和食品安全带来严重的危害，因此，许多国家采取严格的措施来预防控制或消灭猪瘟病毒在猪群中流行传染，其主要采用免疫接种和扑杀感染猪群两种方法。尽管东欧、美国、日本、澳大利亚和英国等国家通过开展猪瘟净化工作后宣布养殖猪群无该病流行，但是，在其他养猪国家仍广泛存在。在猪瘟流行的国家，和地区（如亚洲和非洲的一些国家和地区），还是采用传统的免疫接种方式来控制猪瘟。猪瘟净化的国家，一旦发现新的病例则立即采用扑灭的方法，销毁感染猪群中的全部猪只，追踪传染源和可能接触物，彻底消毒被污染的场所。禁止从有猪瘟疫情的国家和地区引进生猪、猪肉和未充分加热的猪肉产品，防止重新引进猪瘟病毒。在北美和欧盟等国家通过国家立法方式开展猪瘟净化工作，对扑杀淘汰的猪进行财政补贴。在猪瘟流行的国家和地区（如亚洲和非洲的一些国家和地区），还是采用传统的免疫接种方式来控制猪瘟。

猪瘟病毒兔化弱毒疫苗（HCLV）又称"C-株"，是我国研究者 20 世纪 50 年代将猪瘟病毒强毒在兔体内进行连续传代后毒力得到致弱，我国自 1956 年开始推广使用该猪瘟病毒疫苗后，很好地控制了猪瘟在我国猪群中大面积的流行爆发。"C-株"是世界公认的最优秀的猪瘟病毒弱毒疫苗，长期临床免疫应用证明该疫苗接种后能提供坚强的免疫保护力，具有安全性高、抗体产生时间快及对怀孕母猪免疫安全等优点。试验证明，1 次免疫后能提供一年以上甚至终生免疫保护，接种后不引起任何致病作用，怀孕母猪免疫后疫苗毒虽可突破胎盘屏障但并不引起流产和死胎现象。猪群接种猪瘟病毒兔化弱毒后一般 10d 左右即可检测到猪瘟病毒抗体，接种后 7d 即可产生保护力。该疫苗在国外也得到广泛认可和推广使用，对整个世界范围内控制猪瘟起到重要作用。

第二节　猪口蹄疫

口蹄疫（foot-and-mouth disease，FMD）是由口蹄疫病毒引起的急性、热性、高度接触性传染病，其临诊特征主要是在患病动物口腔黏膜、舌面、鼻镜、蹄部、乳房皮肤发生水泡和溃烂，幼龄动物多因心肌炎使其死亡率升高。

1546 年，意大利医生 Hieronymi Fracastorii 在其论著《De Contagione et Contagiosis Morbis et Eorum Curatione》中有对口蹄疫的描述，这是最早对口蹄疫的记录。20 世纪在欧洲频繁爆发口蹄疫，每 5～10 年就有一次大流行，随着高效疫苗的应用，疾病得到有效控制。通过预防接种，1991 年口蹄疫在欧洲完全根除；北美洲采用扑灭措施根除口蹄疫，1929 年最后一次报道该病；墨西哥采用疫苗接种和扑灭综合的办法消除口蹄疫，1954 年最后一次报道该病。虽然，欧美等养猪业发达国家均已在其国土范围内消灭净化口蹄疫，但在亚洲、非洲、南美洲很多国家仍有本病流行，尤其是我国周边国家流行极为严重。本病有强烈的传染性，一旦发病，传播速度很快，往往造成大流行，不易控制和消灭。感病动物发病率为 100%，幼畜则多转为死亡，而成年动物可以自行康复，死亡率因毒株的毒力和血清型有差异。我国将口蹄疫列为首位一类疫病，国际兽医局（OIE）则将其列为发病必须报告的 A 类动物疫病名单之首。

一、病原

口蹄疫病毒（FMDV）属于微核糖核酸病毒科中的口蹄疫病毒属。病毒颗粒呈球形，直径为 23～25nm，全长 8.5kb。病毒由 RNA 核芯和蛋白壳体组成，无囊膜，成熟病毒粒子中 RNA 所占比例约为 30% 的，蛋白质比例约为 70%。其 RNA 决定病毒的感染性和遗传性，病毒蛋白质决定其抗原性、免疫性和血清学反应能力，并保护中央的 RNA 不受外界核糖核酸酶等的破坏。口蹄疫病毒核酸是单股正链 RNA，包括 5′非翻译区（5′–URT）、3′非翻译区（3′–URT）、一个长开发阅读框（ORF）和 3′末端的 polyA 尾巴。

完整的病毒衣壳蛋白由 4 种结构蛋白 VPl～VP4。其中，VPl、VP2 和 VP3 组成衣壳蛋白亚单位；VP4 与 RNA 紧密结合，是病毒粒子的内部成分。VP1 蛋白全长 213 个氨基酸，是决定感染和免疫的核心蛋白，对病毒吸附、侵入、诱导保护性免疫和血清分型具有重要作用，编码 VP1 蛋白的核苷酸序列通常被用来划分 FMDV 的遗传特点，基于 VP1 序列的遗传进化分析被广泛用于推导进化动态、遗传株系间的流行病学关系和追溯口蹄疫大爆发过程中的病毒株起源与运动，VP1 蛋白已成为近年来免疫、诊断制剂研究的重点。

FMDV 的血清型分型始于 19 世纪 20 年代，分为 O、A 和 C 型，后来 19 世纪 40 年代南非地区分离出南非 1 型、2 型、3 型（SAT1、SAT2、SAT3），19 世纪 50 年代亚洲分离出亚洲 1 型（Asia₁），最终将 FMDV 分为 7 个血清型。引起猪发病的疫情中，88% 由血清型 O 型引起，其次为 Asia1 型。FMDV 每个血清型又分若个亚型（亚型共有 65 个），同一血清型之间只有部分交互免疫性，各亚型之间交叉免疫程度变化幅度较大，亚型内各毒株之间也有明显的抗原差异。口蹄疫病毒容易发生变异，常有新的亚型出现，该特性使口蹄疫的防控难度加大。某些 FMDV 毒株对特定的牲畜品种有明显的偏爱。例如，台湾地区的 O 型 FMDV 曾在 1997 年造成严重疫情，对猪具有高致病性，然而对牛的致病性却很低。

FMDV 在病畜的水疱皮内及其淋巴液中含毒量最高。在水疱发展过程中，病毒进入血流，分布到全身各种组织和体液。在发热期血液内的病毒含量最高，退热后在乳汁、尿液、唾液、泪液、粪便等都含有一定量的病毒。

口蹄疫病毒能在许多种类的细胞培养内增殖，并产生致细胞病变。常用的有原代培养的 BTY 细胞、牛肾细胞、羊肾细胞、幼仓鼠肾细胞（BHK）和 PK 细胞（IB-RS-2）等，大部分的 FMDV 病毒株在 BTY 细胞系中的敏感性是其他细胞系的 10 倍，并能产生很高的病毒滴度，因此常用于病毒分离鉴定。

FMDV 对外界环境的抵抗力较强，不怕干燥。病毒在 -70 ~ -30℃或冻干保存可达数年；在干草和稻草中至少存活 20 周；冬天时在排泄物的沼泽中能持续存在 6 个月；在 18 ~ 20℃的牛毛中能够至少存活 4 周；干粪中至少存活 14d；尿中至少存活 39d；夏天时在土壤中存活 2d；秋天能存活 28d 以上。

FMDV 在 pH 值 7 ~ 8 时稳定存在，但超过该范围就增加病毒的分解，因此，病毒对酸和碱十分敏感，很多消毒剂对 FMDV 都有良好的效果。常用用的有 2% ~ 4% 氢氧化钠、3% ~ 5% 福尔马林溶液、0.2% ~ 0.5% 过氧乙酸、1% 强力消毒灵、5% 次氯酸钠和 5% 氨水。

二、流行病学

全球范围内 A 型和 O 型分布最广泛，我国主要是 O 型、A 型和 Asia1 型。在非洲 FMDV 分布有一定的地域性，主要是 SAT 型，其次为 O 型和 A 型；亚洲和中东主要是 O 型、A 型和亚洲 1 型；南美主要是 O 型和 A 型。

除个别例外，口蹄疫病毒感染大多数偶蹄兽，包括家养和野生动物以及猪。家畜以牛（奶牛、牦牛、犏牛最易感，水牛次之）最易感，其次是猪，再其次是羊易感，野生动物中野牛、驯鹿、野猪、大象均易感。性别与易感性无影响，幼龄动物较老龄者易感性高。

猪口蹄疫具有发病快、危害大、传染广、发病率高等特点。一般冬、春季较易发生大流行，夏季减缓或平息，但在大群饲养的猪舍，本病并无明显的季节性。本病具有一定的周期性，这主要与动物的免疫状态有关。痊愈动物对本病具有一定的抵抗力，但随着群体的更新、高易感性后代的不断增多，常导致该病每隔 1 ~ 2 年或 3 ~ 5 年爆发流行一次。

患病动物和带毒动物是主要的传染源，持续感染和隐性感染动物是潜在的传染源。隐性带毒者主要为牛、羊及野生偶蹄动物，猪不能长期带毒。病毒随分泌物和排泄物排出体外，处于口蹄疫潜伏期和发病期的动物，几乎所有的组织、器官以及分泌物、排泄物等都含有口蹄疫病毒，水疱液、水疱皮、奶、尿、唾液、粪便含毒量最多，毒力和传染性最强。据测算，1g 蹄水疱皮可使 10 万头猪感染发病。病毒随同动物的乳汁、唾液、尿液、粪便、精液和呼出的空气等一起排放于外部环境，造成严重的污染，形成了该病的传染源。潜伏期的动物，在未发生口腔水疱前就开始排毒。痊愈的动物有 50% 左右在病愈后的数周至数月中仍可带毒，成为传染源。不可能屠宰所有发病和同群畜的情况下，带毒动物就可能是一个潜在的、引发未来疫病爆发的病毒传染来源。

病愈动物的带毒期长短不一，牛为 3 ~ 5 年，绵羊为 9 个月，山羊为 4 个月，非洲水牛为 5 年，一般水牛为 2 个月。相反，猪不能成为携带者，病毒在体内存活不超过

28d。早期感染时，在感染猪体的软腭、扁桃体和咽具有较高的口蹄疫病毒，但感染后3～4周，在淋病结和扁桃体没能检测到病毒，仅有很低的病毒 RNA 残留水平。

猪感染口蹄疫的途径主要为消化道、呼吸道和伤口。消化道是最常见的感染门户，健康动物通过食用患病动物的废弃食物或污染物感染口蹄疫，例如，2000 年南非和2001 年爆发的疫情就是用未加热的食物废弃物饲喂猪而引发的。本病也能经损伤的黏膜和皮肤感染。

近年来，试验证明呼吸道感染更易发生，家畜在自然感染后不久，病毒就能随分泌物和呼出的气体排出，当动物太近时，空气或分泌物中的病毒会从感染动物的呼吸道传染给易感动物，形成传染源。空气传播是动态、复杂的过程，受不同动物种属（通常猪是传染源，牛、羊是接受传染的受体）、感染动物数量、感染区地形和气象条件的影响。当大量动物感染口蹄疫时，动物呼出的空气中含有大量口蹄疫病毒，每只猪每天呼出的口蹄疫病毒量 $TCID_{50}$ 为 1×10^6，而反刍动物每天 $TCID_{50}$ 仅为 $1 \times (10^4 \sim 10^5)$。研究显示猪直接暴露给病毒发生感染的剂量 $TCID_{50}$ 为 1×10^3，而反刍动物需要 $TCID_{50}$ 为 1×10^1。因此，口蹄疫的空气传播一般是猪开始传染给下风向的牛、羊。

三、诊断

（一）临床症状

猪口蹄疫潜伏期为 1～3d，最长达 7～14d，其典型临床症状为急性发热，在口部和蹄部形成囊泡。病初体温升高至 40～41℃，精神沉郁，食欲减少或废绝，蹄部疼痛引起跛行，不愿站立，驱赶时行走困难，并且全身发抖。患病猪鼻镜和口腔黏膜（包括舌、唇、齿龈、咽、腭）形成豆状水泡和糜烂。蹄冠、趾间、蹄叉、蹄踵及副蹄等部出现局部红肿、微热、敏感等症状，不久逐渐形成水疱，水疱破裂后表面出血，形成糜烂，或干燥结成硬痂，如无细菌感染，1 周左右便可痊愈。若病猪衰弱或饲养管理不当，糜烂部位发生继发感染化脓、坏死，病畜站立不稳、跛行，重者出现蹄叶、蹄壳脱落。乳房有时也可见水泡、烂斑，尤其是哺乳母猪，乳头上的皮肤病灶较为常见。怀孕母猪可出现流产、产死胎症状，其发病机理还不清楚，可能与口蹄疫引起的发热有关，也可能与口蹄疫透过胎盘感染胎儿有关。

成年猪死亡率较低，但仔猪死亡率较高高，主要由于急性胃肠炎和急性心肌炎而致死。尽管在急性泡状病变的猪中很少发生死亡，但是在二次细菌感染小泡后，发生慢性跛行，最终病猪衰竭死亡。

近年来，猪口蹄疫临床表现多呈无明显的口蹄疫症状，这就使得病猪在等强应激后迅速死亡，增加了临床诊断的难度，未及时采取合理的防控措施，造成口蹄疫的流行，给养殖户造成巨大的经济损失。患病猪在口部、蹄部、乳房等部位的典型症状，转变为临床症状不明显、不典型或是非典型发病；仔猪发病由肠炎型、心肌炎型转化为大多数发病呈现心肌炎型表现；由过去单一感染发病，变为混合型感染为主，临床检测可以看到口蹄疫、猪高热病、副猪嗜血分枝杆菌病和猪瘟等混合感染。

（二）病理变化

猪口蹄疫病变主要出现在口腔，舌头、舌背后部、舌尖形成水泡病变。通常猪的口腔病变可以治愈，水泡破裂后，小泡底部通常在几天内均覆盖浆液性纤维性渗出物。足部病变包括蹄部出现水泡、脚后跟肿胀、爪脱落。蹄部、乳房部水泡发生破溃后，易感染细菌形成二次感染区，有脓样渗出物。咽喉、气管、支气管和前胃黏膜可见圆形烂斑和溃疡，上面覆盖有黑棕色的痂块。真胃和肠黏膜可见出血性炎症。

具有重要诊断意义的是心脏病变。死于急性心肌炎的幼畜（少于8周龄的猪）可见心脏软弱松弛，类似煮过的肉，心包膜有弥漫性及点状出血，心包积液混浊，心肌切面有灰白色或淡黄色斑点或条纹，好似老虎皮上的斑纹，俗称"虎斑心"。由于心肌纤维变性、坏死，溶解释放出有毒分解产物而使动物死亡。

（三）实验室诊断

1. 病毒检测

采取病畜水疱皮或水疱液进行病毒分离鉴定。取病畜水疱皮，用 PBS 液制备混悬浸出液，或直接取水疱液接种 BTK 细胞、PK 细胞或猪甲状腺细胞进行病毒培养分离，做蚀斑试验，同时，应用补体结合试验。由于酶联免疫吸附试验（ELISA）试验敏感性和特异性较高，3～4h 可获得抗原检测并能确定血清型。但 ELISA 方法需要有足够的病毒量才能检测，若病毒过低，可能造成反应较弱呈阴性结果或无结果。目前，RT-PCR 已成为检测口蹄疫病毒的主要方法，该方法能提供口蹄疫病毒的血清型检测的特异性诊断，但在疫病传播的时候，不能高效地检测大量的样品。荧光定量 PCR 方法是结合了 RT-PCR 方法和实时荧光定量两种方法，进行基因的实时荧光定量检测，这种方法大大提高了检测的灵敏度和特异性。

2. 抗体检测

口蹄疫正向间接红细胞凝集试验能快速动物血清中的口蹄疫特异性抗体水平，该方法简单、快速、直观、特异性强，是当前检测抗体的实用方法。液相阻断 ELISA 通常用于口蹄疫病毒的抗体检测，但该方法灵敏度不是很高，因此，不适用于大规模的检测。口蹄疫中和试验包括细胞中和试验和乳鼠中和试验，基层检测中常用乳鼠中和试验，该方法特异性强，结果可靠，简单易行，但敏感性较低，耗时过长。口蹄疫乳鼠保护试验多用于定性检测，一般不作定量检测手段。口蹄疫琼脂扩散试验常用于定性检测，该方法简单，无需特殊仪器、设备，但耗时过长，并且敏感性较差。

四、综合防治

虽然疫苗在一定程度能控制 FMD 的发生，但 FMD 有7个血清型，接种或感染一种血清型都不能有效抵抗其他血清型的感染，并且同一血清型有很宽的毒株范围。不同毒株的毒力有所差异，有试验表明疫苗对异源性毒株的效价比对同源性要低很多，从而降低疫苗的效果。建议 FMD 疫苗最好是从疫区的毒株中分离制备，这样才能有效控制疫病。

若对怀孕母猪进行有效的疫苗免疫，则仔猪可通过吸吮乳获得免疫。通常母源抗体能保护90%的1月龄仔猪不感染口蹄疫病毒，但以后便迅速下降，对2月龄仔猪的保护率为50%，对3月龄仔猪仅为8%。大量研究表明母源抗体能严重抑制仔猪对口蹄疫疫苗的应答。通常建议有母源抗体保护的仔猪，在4周龄前不宜接种口蹄疫油佐疫苗，避免母源抗体的干扰。对于没有母源抗体的仔猪而言,免疫时仔猪日龄越大,则抗体效价越高。实验表明,对1周龄内仔猪进行免疫,虽然仔猪能产生免疫应答,但效果不佳;对1周龄仔猪疫苗免疫,在6~7月龄时进行攻毒,保护率仅为33%;对8周龄仔猪疫苗免疫,在6~7月龄时进行攻毒,保护率可达87.5%。

一般疫苗引起的保护作用只能持续4~6个月,因此,疫苗的接种系统应每年两倍或更多倍的接种剂量。目前,国内的疫苗主要是猪口蹄疫O型油佐剂BEI灭活疫苗,目前,国内没有统一的口蹄疫免疫程序,各猪场可结合本场实际情况,制定免疫程序。建议:种猪每隔3个月免疫一次,每次肌注常规苗2ml/头或肌注高效疫苗1~1.5ml/头;仔猪40~45日龄首免,肌注常规苗2ml/头或肌注高效疫苗1ml/头;100~105日龄育成猪加强免疫一次(即二免),肌注常规苗2ml/头或肌注高效疫苗1~1.5ml/头;肉猪出栏前15~20d进行三免,肌注常规苗2ml/头或肌注高效疫苗1~1.5ml/头。注苗后一般4d可检出抗体,28d效价达到最高峰,一般维持2个月,第三个月下降,第四个月消失。国产疫苗安全性较强,但抗病力不是很强。目前国外主要应用悬浮培养细胞技术生产病毒抗原,此方法使得抗原浓度显著提高,再用8% PEG浓缩,加BEI,30℃灭活,最后将浓缩抗原与油佐剂乳化制成稀薄的油包水型疫苗,免疫效果很好。

现在大量研究主要集中在新型疫苗,特别是基因工程疫苗。已报道的有VP1多肽苗、合成肽疫苗等,虽然他们在部分实验动物身上取得了一定的效果,但与含有完整病毒的灭活苗相比保护率还是较低。除研究单价灭活苗外,国外已成功研制O、A、C三价和O、A、C、Asia-1四价灭活苗,这些疫苗已在防疫实践中并取得了很好的效果。需注意的是,一旦猪群爆发口蹄疫,很难通过疫苗控制和根除本病。例如,1997年台湾发生口蹄疫后,15年仍未根除口蹄疫。

口蹄疫是全球各国都十分重视防范的一种烈性传染病,发生疫情时应严格按照我制定的《家畜家禽防疫条例》和《动物检疫发》对口蹄疫进行防制。当发生口蹄疫时,应采取如下措施:①应迅速上报疫情,确切诊断,划分疫点、疫区和受威胁区,并分别进行封锁和监督,禁止人、动物和物品的流动。②在严格封锁的基础上,扑杀患病动物及其同群动物,并对其进行无害化处理;对剩余的饲料、饮水、场地、患病动物污染的道路、圈舍、动物产品及其他物品进行全面严格的消毒。③对受威胁区的易感动物进行紧急预防接种。④当疫点内最后一头患病动物被扑杀后,3个月内不出现新病例时,报上级机关批准,经终末大消毒后,可以解除封锁。

目前,没有方法能有效治疗感染口蹄疫病毒的猪。一旦病毒进入猪场,很难将其彻底消除,除非把患病动物、可疑动物以及假定健康动物全部实行安乐死,尸体进行深埋或烧毁处理,才能根除本病。

第三节 猪水泡病

猪水疱病(Swine vesicular disease,SVD)是由猪水泡病毒引起猪的急性或慢性、热性和接触性传染病。本病流行性强,发病率高,以蹄部、口部、鼻端和腹部、乳头周围皮肤和黏膜发生水疱为特征。

1966 年，意大利出现了临床症状像口蹄疫的疾病，但该病是由肠道病毒引起的，这是最早关于猪水泡病的记录。1971 年，见于保加利亚、香港，随后在英国、澳大利亚、乌克兰、波兰、日本、德国、罗马尼亚等国家先后报道发生本病。1973 年，世界动物卫生组织和欧洲口蹄疫委员会先后召开会议，确认其为一种新病，正式命名为"猪水泡病"，要求各国加强控制措施，一旦发现此病必须立即通报 OIE，并将猪水泡病列为 A 类法定传染病之一。我国将其列为一类传染病，在 20 世纪 60 年代初发现本病，当时仅为散发或地方流行性，70 年代中后期呈大流行，80 年代流行明显降低，疫情日趋平稳，90 年代以来猪水泡病逐渐销声匿迹。近期葡萄牙在 2007 年和意大利在 2011 年都报道了猪水泡病的发生。

一、病原

猪水疱病病毒（Swine vesicular disease virus，SVDV）属于肠道病毒科肠道病毒属，病毒粒子呈球形，不含脂质和碳水化合物，由裸露的二十面体对称的衣壳和含有单股 RNA 的核心组成。SVDV 直径在 30nm 左右，无囊膜包裹，由 7 400 多个核酸碱基组成，有 2 815 个氨基酸编码单一的多聚蛋白，这种多聚蛋白外加一些不同的前体蛋白组成病毒的衣壳蛋白。NSPs 参与病毒的复制，阻断宿主细胞的功能。SVDV 的 ORF 包括 P1、P2 和 P3 区，其中，P1 区为结构蛋白编码区，含抗原表位。SVDV 仅有极小的抗原差异存在，因此，认为其是一种单血清型，用任意 SVDV 菌株感染或用做疫苗接种都能有效防御其他类型 SVDV 菌株感染。

SVDV 能在原代培养的猪肾细胞和很多猪肾细胞分化的细胞系的细胞上生长，实验室中常用 IB-RS-2 细胞进行培养。SVDV 对牛、仓鼠、豚鼠、兔的肾细胞、牛甲状腺细胞、BHK_{21} 传代细胞等均不感染。大量研究显示猪水泡病毒与柯萨奇病毒 B5 有亲缘关系。测序结果表明 SVDV 病毒与柯萨奇病毒 B5 结构蛋白编码区有 75% ~ 85% 的同源性，用柯萨奇 B5 病毒的血清可中和 SVDV，此外，柯萨奇 B5 病毒与 SVD 康复血清也出现明显交叉中和现象。

病毒对环境和消毒药有较强抵抗力，在 50°C30min 仍不失感染力，60°C30min 和 80°C1min 即可灭活，在低温中可长期保存。与口蹄疫病毒不同，猪水泡病病毒在很宽的 pH 值范围内能够稳定存在，因此，无论碱性还是酸性消毒剂对口蹄疫有很好地灭活效果，但不能灭活猪水泡病病毒。SVDV 对醚类和三氯甲烷有抗性，但 1% 氢氧化钠能有效灭活病毒。若让病毒长时间接触消毒剂也能灭活病毒，例如，2% 福尔马林 18min 或 1% 过氧乙酸 60min 可杀死病毒。

二、流行病学

本病无明显的季节性，该病一年四季均可发生，流行较缓慢。不同品种、性别、年龄的猪均可感染发病，而牛、羊等家畜不发病。在猪只密集区域容易造成本病的流行，集中的数量和密度愈大，发病率愈高。在分散饲养地区，很少流行本病。

病猪和带毒猪是本病的最主要的传染源。患病猪的水泡中含有很高的病毒量，此外，粪便、尿液、乳汁也排出病毒。健康猪接触被病毒污染的泔水、生猪交易、屠宰的下脚料、运输工具（被污染的车、船）而感染。被病毒污染的饲料、垫草、用具、运动场以及饲养员等往往造成本病的间接传播。受伤的蹄部、鼻端皮肤、消化道黏膜等是主要的传播途径。在潮湿天气，特别是猪群密度大、卫生条件差、调运频繁等情况下易发病，发病快，发病率高可达 70% ~ 80%，而病死率很低。研究证实，本病可通过深部呼吸道传染，气管注射发病率高，经鼻需大剂量才能感染。

三、诊断

（一）临床症状

自然感染的情况下，猪潜伏期为 3 ~ 7d，个别的可达半个月以上。人工感染一般在 1 ~ 2d 出现临床症状。通常将猪水泡病分为典型、温和型和亚临诊型（隐性感染）。

1. 典型水泡病

其特征性水泡常见于主趾和附趾的蹄冠上，偶见乳房、鼻盘、舌和唇部。大约 5% ~ 10% 的病猪鼻端、口腔黏膜出现水疱和溃烂，8% 哺乳母猪乳房上出现水疱。早期症状为上皮苍白肿胀（子蹄冠和蹄踵的角质与皮肤结合处首先看到），36 ~ 48h 后，水泡明显凸出并充满水泡液，有的很快破裂、糜烂，形成溃疡、真皮暴露、颜色鲜红，破溃部位易继发细菌感染。常见环绕蹄冠皮肤与蹄壳之间出现裂开，严重者蹄壳脱落。由于病猪蹄部损害、疼痛难耐而出现跛行，喜卧或呈犬坐姿势，严重者膝部爬行。仔猪常见鼻盘生产水泡，体温升高（40 ~ 42℃），水泡破裂后体温逐渐恢复正常，若继发其他疾病可造成死亡。成年猪精神不振、食欲减退或废食，育肥猪显著掉膘，但病猪康复较快，一般病愈后 2 周左右创面便可痊愈，若蹄壳脱落，则相当长时间后才能恢复。

2. 温和型（亚急性型）

仅有少数猪出现水泡，疾病传播缓慢，症状轻微，往往不易被察觉。

3. 亚临症型（隐性感染）

感染猪无明显临床症状，但可检测到高滴度中和抗体。亚临诊感染的猪能排出病毒，是潜在的传染源，对易感猪有很大的危险性。

（二）病理变化

特征性病理变化为在蹄部、鼻盘、乳房、舌、唇出现水泡。若水泡破裂，水泡皮脱落可见创面出血和溃疡。少数病猪心内膜出现条状出血斑，其他脏器无明显病变。组织学变化主要是非化脓性脑膜炎和脑脊髓炎病理变化。

（三）实验室诊断

1. 生物学诊断

本病与口蹄疫临床症状上非常相似，但可通过生物学诊断将他们两个疫病区分。用病料分别接种 1 ~ 2 日龄和 7 ~ 9 日龄乳鼠，若两组小鼠均死亡，则为口蹄疫；若 1 ~ 2 日龄乳鼠死亡，而 7 ~ 9 日龄乳鼠不死，则为猪水泡病。将病料经 pH 值 3 ~ 5 缓冲液处理后，接种 1 ~ 2 日龄乳鼠死亡，则为猪水泡病；接种 1 ~ 2 日龄乳鼠不死，则为口蹄疫。

2. RT-PCR

该方法是检测粪便或器官中的猪水泡病毒的主要方法，特别是猪水泡中的病毒含量很高。

3. 酶联免疫吸附试验（ELISA）

ELISA方法操作简单，是国际兽医局检测猪水泡病病毒的标准方法，在大规模的血清防御中已显示出高效性。但偶尔会出现假阳性结果，建议使用单抗以便提高ELISA检测的特异性。

4. 反向间接血凝试验

用口蹄疫A、O、C型的豚鼠高免血清与猪水泡病高免血清抗体球蛋白致敏，用1%戊二醛、甲醛固定的绵羊红细胞，制备抗体红细胞与不同稀释的待检抗原，进行反向间接血凝试验。可在2~7h内快速区别诊断猪水泡病和口蹄疫。

四、防治

加强饲养管理和检疫，防止疾病传播。平时应对动物及动物产品进行严格检疫，加强交通运输工具和器具消毒，收购和调运时应逐个检疫，防止将病原带到猪群。一旦发现疫情应立即上报，按"早、快、严、小"的原则进行处理。病猪及屠宰猪肉、下脚料应严格实行无害化处理。猪舍及其周边环境要严格消毒，常用的消毒剂有过氧乙酸、菌毒敌、氨水和此路酸钠等。

猪水泡病的疫苗有弱毒疫苗和灭活疫苗，灭活疫苗安全可靠，注射7~10d后便可产生免疫力。用豚鼠化弱毒疫苗和细胞培养弱毒疫苗对猪免疫，保护率达80%以上，免疫保护期在6个月以上。用水泡皮和仓鼠传代毒制成灭活苗有良好免疫效果，保护率为75%~100%。用猪水泡病高免血清和康复血清进行被动免疫，也有良好效果，免疫期可达1个月以上。

第四节　猪链球菌病

猪链球菌病是由多种不同群的链球菌引起的不同临诊类型传染病的总称。常见的有败血性链球菌病、脑膜脑炎、关节炎和淋巴结脓肿。慢性病例多为关节炎、心内膜炎，以E群引起的淋巴结脓肿最多常见，流行最广；急性病例常为败血症和脑膜炎，以C群引起的败血性链球菌病危害最大，发病率和死亡率均较高，对养猪业的发展威胁较大。

1951年，荷兰学者最早报道了链球菌病感染，随后猪链球菌病报道日益增多。2005年，中国爆发猪链球菌感染，患者以出现全身性感染为主，临床特征表现为链球菌中毒性休克综合征（STSS）。其中，感染的200人中有39人死亡，从而引发了全球对人感染猪链球菌的关注。

一、病原

链球菌的种类繁多，在自然界分布很广，有些是动物正常菌群，有些菌对人和家畜具有致病性。链球菌呈链状排列，为革兰阳性菌，无芽孢，部分有荚膜。细菌呈圆形或卵圆形，常排列成链，长度不一，短者常由 4~8 个菌组成，长者由数十个甚至上百个组成。本菌为需氧或兼性厌氧菌，多数致病菌对培养基的要求较高，在普通琼脂培养基上生长不良，但在加有血液、血清的培养基上生长良好。根据链球菌在血琼脂平板的溶血现象将其分为 α、β、γ 三大类。α 溶血性链球菌多为条件致病菌，其菌落周围形成朦胧不透明的溶血环，又称草绿色链球菌；β 溶血性链球菌致病力强，能引起多种疾病，其菌落周围形成一个界限分明、完全透明的溶血环，又称溶血性链球菌；γ 溶血性链球菌通常不具有致病性，其菌落周围无溶血环，故又称不溶血性链球菌。猪链球菌的毒力因子非常复杂，目前，已确认的猪链球菌最重要的毒力因子有荚膜多糖、血凝素、脂蛋白、胞壁酸酶释放蛋白、胞外因子、溶血素等。

根据细胞壁荚膜多糖（CPS）可将链球菌分为 35 个血清型及部分无法定型的菌株，并且不同血清型的菌株成员之间都存在遗传学差异。从发病猪分离到的链球菌大多属于血清 1~9 型，其中，血清 2 型最为常见，是最主要的流行毒株和致病毒株，也可感染人而致死。而早期是根据兰氏血清分类法将链球菌分为 20 个血清群（A、B、C、D……V，其中，除去 I、J）。链球菌对热和普通消毒药抵抗力不强，60℃加热 30min 可杀死细菌，或煮沸可立即死亡。日光直射 2h 便可死亡，0~4℃可存活 150d。

二、流行病学

各年龄、品种、性别的猪均易感，其中，以新生仔猪、哺乳仔猪的发病率和病死率最高，多为败血型和脑膜炎型，其次为中猪和怀孕母猪，以化脓性淋巴结炎为最多见。本菌常定植在猪的上呼吸道（主要在扁桃体和鼻腔）、生殖道和消化道。同一头猪体内中可能同时定植一种以上的链球菌菌株。有研究证实，31% 的猪只体内携带有一种血清型的链球菌；38% 的猪只携带有 2 种或 3 种血清型的链球菌；6% 的猪只携带有四种血清型以上的链球菌。

患病猪和带菌猪是本病最主要的传染源，他们通过分泌物和排泄物不断向外界环境排出细菌，污染饲料、水源等。无症状和病愈后的带菌动物也可排出病菌成为传染源。本病主要经呼吸道、受损的皮肤和黏膜传播。气溶胶在本病的传播中起着重要作用。苍蝇、野鸟等动物常作为本菌的储存宿主或媒介，已证实苍蝇可携带链球菌长达 5d。母猪通过分娩、呼吸可将产道或呼吸道污染菌传给子代。

链球菌能正常寄居在宿主体内，通常在多种诱因的作用下才能导致发病。这些诱因包括饲养管理不当、环境卫生差、气候炎热、寒冷潮湿、忽冷忽热、动物营养不良或感染其他疾病等，这些诱因可使猪只抵抗力下降，易发生本病。猪链球菌病一年四季均可发生，但在炎热季节易引起大面积流行，尤以 7~10 月最常见。

三、诊断

（一）临床症状及病理变化

1. 败血型

潜伏期一般为 1~3d，长的可在 6d 以上。在流行初期有最急性病例，患病猪发病急，病程短，往往未表现出任何症状便死亡；或突然停食，体温升高达 41～42℃，呼吸急促，多在 7～24h 内迅速死于败血症。急性型病例，常见稽留热，精神沉郁，食欲缺乏，眼结膜潮红，有出血斑，呼吸困难，咳嗽，流出脓性鼻液。部分病猪在颈部、腹下及四肢下端皮肤呈紫红色，并有出血点。慢性型多由急性型转变而来，主要表现为多发性关节炎。一肢或多肢关节发炎、肿胀，发现跛行，站立困难。死后剖检，呈败血症变化，各脏器出血、充血。脾脏肿大，呈灰红色或暗红色，切面隆起，结构模糊。胃肠黏膜、浆膜散在点状出血，全身淋巴结水肿、出血。

2. 脑膜脑炎型

病程 1～2d。多见于哺乳仔猪和断奶仔猪。病初体温升高，停食，便秘，有浆液性或黏液性鼻汁。迅速出现神经症状，运动失调、转圈，空嚼，姿态异常，很快发展到不能站立，角弓反张，四肢游泳状划动，惊厥，眼球震颤，结膜发红。慢性型病程稍长，主要表现为多发性关节炎，逐渐消瘦衰竭死亡，或康复。死后剖检，脑膜充血、水肿，脑脊髓液增多、浑浊。关节周围明显肿胀，充血，内有浑浊液体。

3. 淋巴结脓肿型

病程约 2～3 周，通常不引起死亡。在患病猪的颌下、咽部、颈部等处淋巴结出现化脓和形成脓肿为特征。受损淋巴结首先出现小脓肿，逐渐增大，局部明显隆起。脓肿成熟后自行破溃，流出绿色、黏稠的浓汁。浓汁排净后由新生肉芽组织替代，全身症状减轻，逐渐康复。

（二）实验室诊断

1. 细菌学检查

取发病动物或病死动物的浓汁、关节液、脑脊髓液、鼻咽内容物、肝脏、肾脏、脾脏、心血等，制成涂片，干燥、固定，用碱性美蓝染色液或革兰氏染色液染色，镜检。若观察到革兰阳性单个、成对、短链或长链的球菌，可确诊为猪链球菌病。

2. 培养检查

取病料接种于含血液琼脂培养基，37℃培养 24h，观察菌落。若长出灰白色、透明、湿润、黏稠的露珠状菌落，且出现 β 型溶血环，则可初步判断为猪练球菌病。

3. PCR 技术

在人医临床诊断实验室已广泛使用了 PCR 技术进行检测，但是，由于猪链球菌血清型较多，各菌株之间的基因有显著差异，且同一猪群中存在不同的分离株，因此，应用 PCR 技术诊断猪链球菌病有一定难度。

4. 胶体金免疫层析技术

目前，已有报道建立了快速检测猪链球菌病 2 型和 1/2 型的胶体金免疫层析技术，但该技术只能用于鉴定分离纯化的菌株，是否能直接检测病料中的菌株，还未证实。

四、综合防治

（一）预防措施

对于现在的集约化养殖企业来说，猪链球菌是一种非常重要的致病菌。除了菌株的毒力外，猪群的免疫状况、猪舍环境、饲养管理技术等因素也影响猪链球菌疫情的发展。建议采用全进全出制度，将大猪舍改为小猪舍，有助于降低温差变化和减少猪群日龄差别。保持猪舍清洁、干燥及通风，经常清除粪便，保持地面清洁，定期消毒。加强饲养管理，做好防寒保暖措施，增强动物自身抗病力。应用疫苗进行免疫接种是预防猪链球菌病爆发流行的重要措施。但是，不同菌株之间缺乏交叉保护，例如，猪只免疫灭活的血清2型菌株能获得很好的同源性保护，但若对其进行血清9型菌株攻毒时缺乏有效保护。此外，疫苗佐剂也影响免疫效果，研究表明，油包水佐剂比氢氧化铝佐剂的疫苗效果更好。随着分子生物学技术的发展，亚单位疫苗也是目前研究的主要方向，但亚单位疫苗的保护作用还存在争议，迄今为止，市场上还没有单一成分的亚单位疫苗销售。

（二）治疗措施

选择治疗本病的抗菌药物时应充分考虑细菌的敏感性、感染类型和给药途径。根据药敏试验结果，选出特效药物进行全身治疗。通常大多数分离的菌株对青霉素中度敏感，对阿莫西林和氨苄西林敏感性较高，在欧洲分离的菌株对四环素和红霉素高度耐药。但需注意的是细菌的敏感性存在地域差异。英国、法国和荷兰的分离株对青霉素敏感，而波兰、葡萄牙的菌株对青霉素的抗药性分别为8.1%和13%。有学者建议氨苄西林、头孢噻呋、庆大霉素、泰妙霉素和甲氧苄啶磺胺复合物是最有效的注射用抗菌药。局部治疗：先将局部溃烂组织剥离，切开脓肿，经浓汁清除，清洗和消毒。然后用抗生素或磺胺类药物以悬液、软膏或粉剂置入患处进行局部治疗。

目前，提高仔猪存活率最好的方法就是及时发现链球性脑膜炎早期症状，包括耳朵朝后、眼睛斜视、犬坐姿势，一旦发现建议尽快选用抗菌药物治疗，降低猪群的病死淘汰率。对发病早期的仔猪肌注青霉素和地塞米松有较好的治疗效果，若到急性发病期，肌注抗生素效果较差。

第五节　猪丹毒

猪丹毒（Erysipelas suis）是由猪丹毒杆菌引起的一种急性、热性传染病，其临床特征是急性败血症状和亚急性疹块型，部分病例表现为慢性多发性关节炎或心内膜炎。该病流行于世界各地，对养猪业危害很大，我国将其列为二类动物疫病。

1886年Friedrich Loffle通过实验对猪丹毒病进行完整描述。自报道发现本病后，大量数据表明，约每隔10年就会有严重的猪丹毒爆发流行。随着猪丹毒疫苗的广泛使用，疾病有所控制。但由于种猪的引进和各养殖区间的运输，该病的流行又有上升趋势，近年来在我国多个省市都有报道。人感染该病称为"类丹毒"，主要发生于从事与患病动物或其产品密切接触的工作人员，主要通过皮肤划痕或刺伤而感染发病。人类的类丹毒表现为手部出现急性、局灶性、疼痛性的蜂窝织炎，伴随有皮肤发红。

一、病原

1882年，Louis Pasteur首次从患病猪体中分离出猪丹毒病原体——猪红斑丹毒丝菌，1996年将其命名为猪丹毒丝菌。丹毒丝菌属主要包括2个种：猪红斑丹毒丝菌，有1a、1b、2、4、5、6、8、9、11、12、15、16、17、19、21和N血清型菌株；扁桃体丹毒丝菌，有 3、7、10、14、20、22、23、24、25 和 26 血清型菌株。此外，还包括一些其他种，当前已知的有丹毒丝菌 sp. -1（13 血清型菌株）、丹毒丝菌 sp. -2（18 血清型）、丹毒丝菌 inopinata（未进行血清学鉴定）、丹毒丝菌 sp. -3（包含血清型为 7 的一些菌株）。红斑丹毒丝菌俗称丹毒杆菌，临床上的猪丹毒病主要是由血清型为 1a、1b 和 2 型的猪红斑丹毒丝菌所引起，而不常见血清型对猪的毒力较低。通常认为，扁桃体丹毒丝菌及包含潜力新种在内的少数菌株对猪没有致病性。但极少数情况下，可从患有慢性关节炎和疣性心内膜炎的猪只中分离出扁桃体丹毒丝菌，这表明其具有潜在致病性。然而，到目前为止，通过猪接种感染试验研究，并不能证实扁桃体丹毒丝菌为重要的病原菌。

红斑丹毒丝菌是一种纤细的小杆菌，不能运动，不产生芽孢，无荚膜，革兰氏染色呈阳性。本菌为兼性厌氧菌，能在 5~44℃温度范围内生长，最适温度为 30℃ 和 37℃。本菌在琼脂培养上 27℃ 或 35℃ 孵育 24h 后可形成透明环形小菌落（直径 0.1~0.5mm），孵育 48h 后菌落增大（直径 0.5~1.5mm）。在加入适量血液或血清并在 CO_2 体积分数为 10% 的环境中培养更佳，可形成粗糙型或光滑型菌落。光滑型菌落中可产生狭窄的溶血带，呈绿色；粗糙型菌落通常不伴有溶血，呈土黄色。本菌喜碱，最适 pH 值为 7.2~7.6。与过氧化氢酶、氧化酶、甲基红、吲哚不发生反应，但在三糖铁琼脂培养基中能够产生酸和硫化氢。

红斑丹毒丝菌虽不能形成芽孢，但菌体有蜡样被覆物，对盐腌、烟熏、干燥、防腐和日光等自然因素的抵抗力较强。在土壤中至少能存活 35d，阳光下能生存 10~12d，烟熏和盐腌病猪肉中存活 3~4 个月。但对消毒药的抵抗力较弱，普通消毒药剂便可将其灭活，如在 2% 福尔马林，1% 漂白粉，1% 氢氧化钠或 5% 石灰乳中很快死亡。对热的抵抗力较弱，湿热条件下 55℃ 便可灭活。

二、流行病学

在自然条件下，本病主要发生于猪，各年龄猪均可感染，其中，以架子猪发病率最高，3 月龄以下和 3 岁以上猪通常情况下较少诱发本病。其他家畜如牛、羊、马、犬、鼠、家禽、鸟类以及人也有病例报告。

患病猪和带菌猪是本病的传染源。据估计，30%~50% 健康猪的扁桃体和其他组织中存在猪红斑丹毒丝菌。除猪外，大约 30 种野生鸟类和 50 种哺乳动物携带本细菌。有研究发现，在外表健康牛的扁桃体内能轻易获得猪红斑丹毒丝菌。这些细菌携带者能通过排泄物和口鼻分泌物散布病菌。

猪红斑丹毒丝菌可通过口鼻分泌物和粪便直接接触传播，也能通过环境污染物进行间接接触传播。经消化道感染是最主要途径，例如，饲料湿喂、饮水系统遭病原菌污染、猪只摄入粪便。已有多起报道，养猪场使用食堂残羹、动物性蛋白质饲料或奶类副产品饲喂动物饲喂猪而发病。此外，本病也可通过损伤皮肤和吸血昆虫吸吮患病猪血液进行传播。由于猪红斑丹毒丝菌是典型的非芽孢土壤菌，在土壤中可长期存活，因此，土壤污染在本病的流行病学上有极重要的意义。圈舍肮脏潮湿、温度突变、夏季高温、突然更换日粮、未彻底消毒、病毒感染以及转移、混群造成应激都能促进本病的流行。

猪丹毒一年四季均可发生，以炎热多雨季节流行最盛，5~9 月是流行高峰。雨水冲刷土壤从而使土壤中的猪丹毒杆菌扩大传染，夏季是吸血昆虫活动季节，助长猪丹毒杆菌的传播。当猪体抵抗力降低、细菌毒力增强也常引起内源性感染。本病一般呈散发性或地方流行性发生，偶见爆发性流行。

三、诊断

（一）临床症状

猪丹毒的临床表现主要包括3种：急性型、亚急性型和慢性型。

1. 急性败血型

流行初期部分猪未表现出任何症状而突然死亡，其他猪相继发病。病猪体温急剧升高到42℃以，精神沉郁，怕冷；关节疼痛，不愿走动，卧地不起呈嗜睡状；食欲缺乏，有时呕吐；眼睑水肿，结膜充血，常流出大量黏稠分泌物；严重病例可见其黏膜发绀，呼吸急促；仔猪表现出神经症状，全身抽搐，倒地死亡。后期病猪出现下痢，耳、颈、背皮肤出现特征性的粉红色、红色或紫色的隆起，呈菱形或方形的"菱形皮肤病变"，指压褪色。怀孕母猪可出现流产。病程3~4d，病死率80%左右，死亡快者往往不见皮肤变化，不死者转为疹块型或慢性型。

2. 亚急性疹块型

病较轻，经过比较缓慢，其特征是皮肤表面出现疹块。患病猪出现口渴、便秘、食欲减退、体温升高至41℃左右。发病后的2~3d，在身体各部位尤其在胸侧、腹部、背部、肩部以及四肢等部位皮肤出现疹块。疹块界限明显，凸出皮肤表面2~3mm，有热感，呈方形、菱形、圆形。初期疹块充血，呈红紫色，指压褪色；后期淤血，呈蓝紫色，指压不褪色。出现疹块后，病猪症状减轻，体温逐渐下降，经过一段时间便可康复。病势较重者或长期不愈者，皮肤出现坏死，变成棕色痂皮。病猪可出现不孕、产木乃伊胎或产弱胎数量增多。病程1~2周，病死率较低。

3. 慢性型

一般由急性型或亚急性型转变而来，也有原发性，常表现为慢性多发性关节炎和心内膜炎。慢性关节炎可能出现在爆发后的3周左右，患病猪表现为食欲减退，生长缓慢，四肢关节肿胀，特别是后肢裸关节、后肢膝关节以及腕关节增大明显，病腿疼痛，出现跛行，常卧地不起，驱赶时行动困难，病程数周至数月。心内膜炎表现为精神萎靡，体质虚弱，消瘦，贫血，喜卧地，嗜睡，心跳加快，心律不齐，呼吸困难，可视黏膜发绀，由于心脏麻痹追赶时常突然倒地死亡，病程数周至数月。

（二）病理变化

急性型猪丹毒主要以全身性败血症变化和体表出现红斑为特征。口鼻周围、耳、下颌、喉部、腹部以及大腿等部位皮肤出现轻微隆起的粉红色或紫色四边形病灶。淋巴结充血肿大，切面多汁。脾充血肿大呈樱桃红色或紫红色，质松软，边缘纯圆，切面外翻，有"白髓周围红晕"现象。肺淤血水肿。肾脏表面、切面可见淤血斑点，体积增大，呈弥漫性暗红色，俗称大红肾。心外膜和心房肌可见点状出血。肝充血，呈红棕色。消化道出现卡他性或出血性炎症。关节肿胀，滑膜及关节周围组织可见有浆液性蛋白渗出物填满整个关节腔。

亚急性猪丹毒以皮肤疹块为特征性病变。慢性型可见关节肿胀，关节腔内有浆液性出血性渗出液，关节囊充血，滑膜增生；心脏瓣膜增厚，可见溃疡性或花椰菜样疣状赘生物，尤以二尖瓣最为常见。菱形皮肤病变可发生缺血性坏死，可见皮肤干燥、发黑。

（三）实验室诊断

1. 病原学诊断

急性型应采取肾、脾、心血为病料，亚急性型在生前采取疹块部的渗出液，慢性型取心内膜组织和关节液，制成触片或抹片，染色镜检，若观察到革兰氏阳性纤细杆菌，在白细胞内成丛排列，可做初步诊断。利用荧光抗体测定法能快速鉴定冰冻组织中的猪红斑丹毒丝菌，但该方法敏感性不是很高。现已建立许多用于猪丹毒丝菌快速检测的PCR方法，例如，有能分区丹毒丝菌属4个种的常规鉴别PCR方法、能区分猪红斑丹毒丝菌和扁桃体丹毒丝菌的常规多重PCR方法等。

2. 血清学诊断

血清学诊断对猪群的免疫接种效果的检测有着重要作用，但在急性猪丹毒诊断中的实际应用有限。常用的血清学诊断方法有平板凝集试验、试管凝集试验、微管凝集试验、间接血凝试验、血凝抑制试验、补体结合试验、ELISA试验、间接荧光免疫试验。

四、防治

（一）预防措施

加强饲养管理，保持清洁，定期消毒。免疫接种是预防猪丹毒最有效的方法，当前全球使用的商品疫苗主要含有1型或2型的猪红斑丹毒丝菌。目前，我国常用弱毒疫苗有 G_4T_{10} 及 GC_{42}，灭活苗有猪丹毒氢氧化铝甲醛菌苗，免疫期均为6个月。GC_{42} 可用于注射或口服。联苗有猪瘟、猪丹毒二联弱毒疫苗和猪瘟、猪丹毒、猪肺疫三联弱毒苗。由于猪红斑丹毒丝菌能存在关节软骨的软骨细胞包浆内，可躲避宿主免疫而获得保护，因此，疫苗免疫在预防慢性关节炎时效果有限。活疫苗能诱导机体产生很好的免疫效果，但使用活疫苗可能存在一定的风险，并且日本已证实猪红斑丹毒丝菌活疫苗存有风险。吖啶黄抗性减毒活疫苗在1966年爆发猪丹毒疫病时广泛应用，近年来，通过对日本丹毒感染猪中的381株血清1a型猪丹毒丝菌进行分析，发现吖啶黄抗性的发生率高达97.7%。由此可推断，该活疫苗的广泛使用每年可导致大约2 000个有疫苗接种引起的猪丹毒病例发生。

（二）治疗措施

在感染早期24～36h内治疗有显著效果，本病首选药物是青霉素。对急性败血型病猪，按每千克体重1万单位静脉注射，同时，肌注常规量青霉素。每天肌注2次，直至体温下降至正常，食欲恢复正常并维持24h以上。不宜停药过早，否则易复发或转为慢性。此外，本菌还对盘尼西林、氨苄青霉素、氯唑西林、头孢噻呋、泰乐菌素、恩诺沙星和达氟沙星敏感。在急性爆发期对哺乳仔猪或全部猪群使用抗血清治疗，也是一种普遍和有效的方法。经皮下注射抗血清的猪能立即获得免疫保护，可持续2周左右，能有效预防本病。

第四章　猪的繁殖障碍性疾病

第一节　猪伪狂犬病

猪伪狂犬病（Porcine pseudorabies）是由伪狂犬病病毒（PRV）引起的一种急性高接触性传染病。本病对养猪业危害很大，猪感染后可引起妊娠母猪流产、产死胎、木乃伊胎；仔猪大量死亡，15d 龄内死亡率为 100%，断奶仔猪死亡率为 10%～20%；种猪不育，母猪返情，空怀，公猪睾丸发炎肿胀、萎缩、失去种用作用；育肥猪增重缓慢、饲料报酬降低。除猪以外的动物感染伪狂犬病病毒后，主要是以发热、奇痒和脑脊髓炎为特征。国际兽医局将伪狂犬病列为 B 类疫病，我国将其列为二类动物疫病的首位。

1813 年在美国牛群中发现伪狂犬病病毒，由于患病牛出现了类似狂犬病的症状。1902 年 Aladar Aujeszk 证实本种病原与狂犬病病毒不同，命名为 Aujeszk disease。1933 年 Erich Traub 第一次在体外移植器官中进行 PRV 培养。1934 年 Sabin 和 Wright 研究了 PRV 和单纯疱疹病毒之间的血清学关系，将 PRV 列为疱疹病毒组中。

20 世纪 60 年代以前，本病只有东欧流行，但到 20 世纪 80 年代末本病已经扩展到世界各国。据估计全球因猪伪狂犬病所造成的经济损失可达几十亿美元，仅次于口蹄疫和猪瘟。近 20 年以来，在我国猪伪狂犬病疫情频繁爆发，给我国养猪业造成巨大的经济损失，严重制约着养猪业的健康发展。

一、病原

伪狂犬病毒属于水痘病毒属，α 疱疹病毒亚科，疱疹病毒科。病毒粒子呈圆形或椭圆形，分子量约为 150kb，有囊膜的粒子直径约为 180nm，无囊膜的粒子直径为 110～150nm。PRV 基因组为线状双股 DNA，包含 143 461 个核苷酸和至少 72 个开发阅读框编码 70 个不同蛋白。目前，PRV 只有一个血清型，世界各地分离到的毒株都呈现一致的血清学反应，但各毒株间存在差异。

PRV 毒株的毒力千差万别，毒力影响 PRV 毒株的组织嗜性。高致病性的 PRV 毒株主要感染神经组织；中等毒力和低毒力的 PRV 毒株对神经组织的感染性较弱，但具有明显的亲肺性；具有高适应性和致弱的 PRV 毒株，对繁殖系统具有趋向性。

本病毒可分为核仁、衣壳、皮层及脂质双层囊膜四层结构。由核酸蛋白组成的核心位于最里层，具有独特长区段和独特短区段；核心往外一层是衣壳结构，由 162 个壳粒组成；继续往外一层为非晶体状的蛋白样结构；囊膜位于最外层，含有呈放射状排列的刺突，囊膜内镶嵌有带病毒编码的糖蛋白。

糖蛋白是病毒感染细菌时的重要因子，对病毒毒力有着重要影响。在病毒复制过程中，糖蛋白（g）既是非必需的（gC、gE、gG、gI、gM、gN）又是必需的（gB、gD、gH、gK、gL）。gC 和 gD 决定了病毒的趋向性，使糖蛋白能介导 PRV 吸附到靶细胞；gE 是病毒入侵三叉神经、嗅神经和通道神经时的一个关键性蛋白质，gE 基因的缺失可以显著降低病毒的毒力，导致神经元细胞感染受限；gC 可使病毒有效地吸附细胞，在病毒感染神经元方面没有明显的作用，但可以和 gE 共同作用影响病毒的神经毒力。胸苷激酶或 dUTPase 是病毒毒力大小的主要决定因素，若他们失活则会使病毒毒力大量衰弱。大量研究表明，PRV 毒力由多个基因协同控制，部分基因的失活可降低 PRV 的毒力，并且这些基因的缺失不会影响病毒的复制，这是生产基因缺失疫苗的基础。目前，猪伪狂犬病基因工程疫苗株都是缺失以下一种或同时缺失几种基因，如 gE、gC、gG 和胸苷激酶。

PRV 对外界的抵抗力较强。病毒在 pH 值 2.0~13.5 的范围内相对稳定。在土壤中可存活 5~6 周，在干草和稻草中可存活 15~40d，4℃ 环境下可存活 20 周，在污染的猪舍能存活 1 个多月，在肉中可存活 5 周以上。紫外线、干燥或干旱条件下可使病毒失活。一般消毒药对本病都有效，常用消毒剂有石炭酸化合物、福尔马林、过氧乙酸、2% 氢氧化钠、磷酸三钠碘消毒剂、氯制剂等。

疱疹病毒有一个显著的标志：他们具有形成持续潜伏状态的能力，并可伴随宿主的一生。PRV 主要潜伏在三叉神经节、骶神经节和扁桃体中。潜伏期复制的病毒不具有传染性，只有被激活的病毒才具有传染性，然而，病毒潜伏期建立和活化的准确的分子生物学机制，目前还不清楚。

二、流行病学

猪是 PRV 唯一的自然宿主，也是本病的主要贮存主和传染源，各日龄猪都易感。但病毒也可自然感染羊、牛、猫、犬、兔和鼠，并能引起致命性疾病。试验动物中兔子最易感，在接种部位可出现强烈的瘙痒症状。虽然人类与 PRV 接触的机会较多，但目前还未有人感染伪狂犬病病毒的报道。

患病猪和带毒猪是本病主要传染源。通常情况下，病毒滴度为 1×10^2 TCID 仔猪便可感染，其他动物则需病毒滴度大于 1×10^4 TCID 才能感染。而感染猪的分泌物、排泄物和呼吸物中都含有很高浓度的病毒，病毒滴度可达 $1 \times 10^{6~8}$ TCID，因此，当它们与健康猪接触时，很易造成传播。此外，有研究表明，带毒鼠也是本病的重要传染源，犬、猫常因吃病鼠而感染发病，猪场未做好灭鼠、防鼠工作而发生本病。尽管猫、犬和一些野生动物被认为是病毒携带者，但由于它们的排泄物中的病毒量低并且很快死亡，因此，它们在病毒传染过程中的作用是有限的。

本病在猪场的传播主要是通过接触传播和垂直传播，鼻腔黏膜和口腔是主要的入侵部位。健康猪与被病毒污染的感染物接触而造成传播，例如，被污染的饲料、水源、垫料、地板、肉制品、老鼠尸体等。本病也可经皮肤伤口传播，有试验证实，将病猪鼻盘摩擦兔皮肤创面，可使兔感染发病。猪配种时，可通过接触病毒污染的阴道黏膜或精液而感染。在野猪群中 PRV 病毒主要通过性交途径进行传播。本病可通过胎盘进行垂直传播，通常发生在怀孕后期。母猪染病后 6～7d 乳中有病毒，仔猪可因吃奶而感染发病。病毒可通过室内空气的流动进行传播，也可在室外进行短距离传播，但目前对长距离的风媒传播还存在争议。

由于 PRV 具有在宿主体内持续潜伏的能力，而没表现出临床症状，使得猪因为长期携带伪狂犬病病毒，成为了最重要的自然宿主和传染源。因为潜伏期的 PRV 具有潜在的激活和排出感染性病毒的危险，因此，潜在带毒动物是疾病防控的主要威胁。在某些应激（例如，运输、保定、气温骤变）和荷尔蒙失调（例如妊娠、产仔）情况下，可使病毒活化，从而使得猪发病。在猪场中通常是种猪先发病，而以分娩期的母猪舍最容易观察到，可见母猪产死胎、弱胎和新生仔猪神经症状，这些在猪伪狂犬病的流行上有着重要意义。

三、诊断

（一）临床症状

感染途径、感染剂量和宿主种类直接影响本病的潜伏期。猪感染 PRV 的潜伏期一般为 1～8d，也有持续 3 周。其他易感动物，病程一般呈急性，潜伏期为 2～3d。不同毒株的毒力存在差异而使的患病猪表现出不同的临床症状，此外，猪的年龄短和免疫状态的不同，临床表现差别也很大，哺乳仔猪死亡率越高，断奶以后仔猪死亡率明显减少。仔猪患本病时主要以脑膜脑炎和病毒血症为主，发病率和死亡率都较高；成年猪则主要以生殖障碍和呼吸道症状为主，死亡率较低。

一周龄以内哺乳仔猪，以未出现明显临床症状而突然死亡为特征。

2～3 周龄仔猪，病初精神萎靡，闭目昏睡，全身乏力，厌食，呕吐，呼吸急促，呈腹式呼吸，体温升高至 40.0～41.5℃，继而出现严重的中枢神经系统症状，例如，战栗、仰头歪颈、角弓反张、共济失调、后驱麻痹、肌肉震颤、间歇性痉挛、四肢做划水状运动、抽搐，若此时触碰病猪，可使其鸣叫且抽搐更厉害。一般从第 2～3d 开始发病，死亡高峰出现在第 3～6d；病程一般为 1～3d，短者仅为数小时。死亡率可达100%，常见整窝仔猪死光。

3～6 周龄猪症状同上，但病程相对延长，死亡率降低，大约 50%。部分耐过猪常出现后遗症，例如偏瘫、生长发育受阻。

成年猪症状轻微或隐性感染，主要表现为增重缓慢，有呼吸道症状。患病猪出现食欲减退，消瘦，精神不振，咳嗽、打喷嚏、流鼻涕，严重者出现呼吸困难。一般情况下病情不会进一步恶化，经过对症治疗或不作任何治疗处理，病猪在几天后可康复，只是在整个发病过程中体重下降。病程一般为 6～10d，死亡率很低，最高也不超过 5%。

怀孕母猪表现为精神不振，发热，咳嗽，流产，胚胎死亡，吸收胎，产死胎、弱胎和木乃伊胎。产下的弱仔猪 1～2d 内出现呕吐、腹泻、表现出明显神经症状，痉挛、战栗、运动失调，通常 24～36h 内死亡。

非人工饲养的猪群感染 PRV，未表现出明显临床症状，大量研究表明 PRV 多样化的循环已经高度适应宿主种群。对于其他易感动物物种，感染急性致命性过程是其特征。临床上常见患病动物因极度瘙痒而导致严重的自我伤害。

（二）病理变化

本病一般无特征性病变。剖检可见扁桃体出现大量坏死灶，淋巴结肿胀出血，渗出性角膜结膜炎，浆液性纤维性坏死性鼻炎、喉炎、气管炎，肺水肿和分散的坏死性小病灶，出血或支气管性间质性肺炎，肝脏、脾脏有出血性坏死点，软脑膜出血。缺乏被动免疫的乳猪可见淋巴结、呼吸系统、消化系统、生殖系统出现大量的坏死灶，且在肝脏、脾脏和肾上腺也可见坏死灶。母猪流产后子宫壁增厚、水肿，出现坏死性胎盘炎和子宫内膜炎。流产胎儿可见肝脏、脾脏、肺脏和扁桃体出现坏死点。公猪出现睾丸肿大或萎缩。

（三）实验室诊断

1. 病毒分离鉴定

本方法主要用于死亡动物的病料检测和活体动物的鼻拭子样品检测。通常以感染动物的分泌物和排泄物以及组织作为病料，例如大脑、扁桃体、三叉神经、肺脏和脾脏。潜伏期感染的猪，可在其三叉神经和扁桃体中分离出病毒。将病料研磨后加灭菌生理盐水制成乳剂，反复冻融 3 次后 3 000r/min 离心 30min，取上清经滤膜过滤。将滤液接种于 PK - 15 细胞或 BHK_{21} 细胞中，37℃温箱培养，观察细胞病变。将出现细胞病变的细胞培养物用 PCR 反应或家兔接种试验，做进一步鉴定。

2. PCR 诊断技术

根据国标 GB T18641—2002《伪狂犬病诊断技术》要求，设计引物扩增伪狂犬病毒基因中 434～651 碱基对之间 217bp 基因片段，序列为：上游引物 P1：5'- CAGGAG-GACGAGCTGGGGCT - 3'，下游引物 P2：5' GTCCACGCCCCGCTTGAAGCT - 3'。本方法具有快速、灵敏的特点，可用于大批样品的检测。

3. 中和试验

将病毒接种于 PK - 15 细胞中，37℃培养，待出现病变后，冻融、收获病毒，测定病毒滴度，测定出 $TCID_{50}$。将血清呈不同浓度稀释，与病毒 37℃作用 1h，观察结果。本方法特异性强，是国际通用的法定方法，可用于口岸进出口检疫。

4. 乳胶凝集试验

该方法简便快速、敏感性高、特异性强，但乳胶凝集试验不能区分是自然感染还是免疫引起的抗体升高，适用于基层现场监测。

5. 酶联免疫吸附试验（ELISA）

ELISA 方法具有高敏感性，可针对 IgE 检测血清抗体来区分疫苗抗体，建立一个标志或免疫动物鉴别诊断的概念。目前，常用于实验室大批样品检查、产地检疫、流行病学调查和无本病健康猪群的建立。

6. 家兔接种试验

无菌采集疑为该病死亡或扑杀动物的脑组织、扁桃体、淋巴结，混合后剪碎、研磨，加入灭菌生理盐水配成乳悬液，反复冻融 3 次后 3 000r/min 离心 10min，取上清加入青霉素和链霉素溶液，皮下接种家兔，每只接种 1～2ml。若家兔在接种后 24～48h 后在注射部位出现奇痒症状，并啃咬注射部位，导致皮肤溃烂，家兔尖叫、口吐白沫，最终死亡，则判为阳性；若接种家兔仍健活，判为阴性。

四、综合防治

在国外许多国家例如英国、丹麦，为防止本病的发生，采取了检测和屠杀计划。尽管这些措施付出了昂贵的代价，但这些国家在国内的猪群中成功地消灭了本病。然而随着世界贸易的增强和空气媒介的传播，偶尔有新的疫情发生。

伪狂犬病目前尚无治疗办法。临床上可取免疫动物或发病康复母猪的血液，分离血清后注射到仔猪体内。这种采用高免血清被动免疫病初感染的哺乳仔猪效果不错，但对于发病晚期的仔猪效果较差。母猪的抗体可通过初乳传给仔猪，母源抗体大约可持续4~6周。经免疫的母猪可在一年内，特异性的将伪狂犬病毒抗体传给子代。母源免疫能阻止病毒感染新生仔猪，保护仔猪对抗临床疾病，但同时，母源抗体也能抑制仔猪对疫苗免疫产生反应。

1986年，美国批准了一个来源于弱毒的重组DNA疫苗，该疫苗携带了一个基因缺失胸苷激酶的基因，这个基因与病毒的毒力有关。随后陆续发现了许多经典的伪狂犬毒疫苗毒株，例如Bartha毒株，携带缺失编码产生免疫的糖蛋白IgE的基因，但不会减弱疫苗的效价。由此可通过测量动物体抗IgE抗体的鉴别ELISA试验，通过与标记疫苗的共同使用，使疫苗接种未感染伪狂犬的动物与感染伪狂犬野毒的动物的鉴别成为可能。随后，其他不必要的糖蛋白，例如，IgC或IgG，可通过基因工程技术进行删除，用来作为适当的血清学试验系统的标记物。

第二节 猪繁殖与呼吸综合征

本病是由猪繁殖与呼吸综合征病毒引起猪的一种繁殖障碍和呼吸道的传染病。其特征为妊娠母猪发热、厌食、怀孕后期发生流产、死胎和木乃伊胎；幼龄仔猪出现呼吸困难和高死亡率。

20世纪80年代，美国多个洲的猪群爆发流行着一种以严重繁殖障碍、呼吸道疾病、生长迟缓以及死亡率增高为特征的新猪病。由于当时该病的病因不明，而称其为神秘猪病，根据其流行特点，在美国将此病称为猪不育和呼吸综合征，欧洲将其称为蓝耳病。该病传播迅速，加拿大、比利时、英国、日本、韩国等多国报道发生此病，仅1991年5月德国记录爆发本病高达3 000余次。1991年，Roch确定了本病的病原体是一种新的RNA病毒，随后在美国、加拿大等国分离到了该病毒。1992年在美国召开了本病的国际专题研讨会，与会代表一致同意将该病命名为猪繁殖与呼吸综合征（PRRS）。1996年国际兽医局（OIE）已将PRRS列入B类传染病，我国将高致病性蓝耳病归为一类动物疫病。目前，猪繁殖与呼吸综合征已给世界各国养猪业造成巨大的经济损失。

一、病原

猪繁殖与呼吸综合征病毒（PRRSV）归属于动脉炎病毒科，动脉炎病毒属。病毒粒子呈球形，直径为45~65nm，有囊膜，20面体对称，为单股RNA病毒。病毒粒子的核衣壳蛋白含有 15kb 的传染性 RNA 基因组，核衣壳为 5~6 种结构蛋白的含脂囊膜包绕。PRRSV 含有 15 000 个氨基酸形成 9 个 ORFs。

目前，对 PRRSV 的起源还不清楚，可将其主要分为两个遗传谱系：基因 1 型（主要分布在欧洲）和基因 2 型（主要分布在北美洲和亚洲）。通过对病毒 ORF5 的遗传进化分析表明，1 型和 2 型病毒之间差异很大。1 型病毒之间成对核酸的变异大约为 30%，而 2 型病毒之间的变异大于 21%。近年研究发现，在我国华东地区流行一种 Nsp2 基因缺失的高毒力 2 型 PRRSV。

病毒对热和干燥敏感，在热和干燥的条件下能迅速死亡，但在特定的温度、湿度和 pH 值条件下，PRRSV 能保持长时间的感染力。通常病毒在 -70℃ 保存 3 年仍有感染力，-20℃ 能保存数月，4℃ 能保存 1 个月，20℃ 6d、37℃ 48h 或 56℃ 20min 可将病毒杀死。病毒在 pH 值为 6.5~7.5 时比较稳定，但在 pH 值低于 6 或 pH 值高于 7.5 时能迅速丧失感染力。氯仿、乙醚等脂溶剂可使病毒失活，去污剂能破坏了病毒囊膜，使病毒失去感染性。

二、流行病学

猪是本病唯一的易感动物，不同年龄、品种的猪均可感染，但以繁殖母猪和仔猪最易感，育肥猪发病温和。猪感染 PRRSV 后表现为慢性、持续性感染，猪群一旦感染本病，将在猪场内无休止地循环，这是本病感染最重要的流行病学特征。大量试验证实 PRRSV 具有持续感染的特性，且这种持续感染与猪年龄无关，子宫内的胎儿、仔猪、成年猪均可发生持续感染。

患病动物和带毒动物是本病的主要传染源。感染动物通过鼻腔分泌物、唾液、尿液、精液等向外界排毒，怀孕母猪甚至可通过乳汁排出病毒。随着现在人工授精技术的广泛应用，因此，经精液传播日益受到人们的重视。本病传播迅速，经呼吸道感染是本病主要的传播途径。此外，也可经消化道、伤口等途径传播，PRRSV 可在感染猪的唾液中持续存在几周，当猪只之间发生撕咬、咬尾时可导致该病的传播。本病还可经垂直传播，病毒可在母猪妊娠 14d 以后的胎儿体内复制，但大多数的 PRRSV 仅在怀孕后期通过胎盘屏障进入胎儿体内，导致母猪产死胎或弱胎。已发现一些飞禽是 PRRSV 的自然宿主，带毒禽不表现出任何临床症状，但可从其排出的粪便中分离出病毒。当这些带毒候鸟长途迁徙时为本病的传播带来了机会。研究发现，各猪场之间的传播主要是通过引入带毒精液和相邻猪场带毒气溶胶扩散。

三、症状

（一）临床症状

本病的临床症状受病毒毒株、宿主免疫状态、饲养管理等因素的影响呈现出差异。PRRSV 分离株的毒力差别很大，低毒力的分离株仅引起猪群亚临床感染，病死率较低；高毒力的分离株能引起严重的临床感染，病死率相当较高。本病人工感染潜伏期为 4~7d，自然感染一般为 14d。

母猪表现为精神不振，嗜睡，食欲减退或废食，咳嗽、呼吸急促、不同程度的呼吸困难。妊娠后期发生早产，流产，产死胎、弱胎、木乃伊胎。这种现象常持续 6 周左右，而后出现重新发情现象，但常造成母猪不育或泌乳量下降。部分猪四肢皮肤和耳部皮肤出现斑点样出血或发绀。部分母猪出现共济失调、转圈、轻瘫、肢体麻痹等神经症状。

仔猪以 2~28 日龄感染后症状最明显，死亡率高达 80%，早产仔猪在出生当天或出生后几天内死亡。大多数仔猪表现体温升高、精神沉郁、嗜睡、消瘦、呼吸急促、呼吸困难、呈腹式呼吸，肌肉震颤、共济失调、打喷嚏，部分仔猪耳部发紫，躯体末端皮肤发绀。保育猪和育肥猪出现厌食、精神沉郁、皮肤充血、呼吸急促、皮毛粗乱，日增重减少。公猪出现厌食、精神沉郁、呼吸困难、性欲减弱，精子质量下降，射精量减少。

（二）病理变化

死胎外部包裹着厚厚一层胎粪和羊水的褐色混合物，解剖可见肾周水肿、脾脏韧带水肿、肠系膜水肿、胸腔积液和腹水，由坏死性化脓和淋巴组织脉管炎引起的局部出血导致脐带扩增为正常直径的 3 倍。新生仔猪可见尖叶发生病变，肺质地变硬、不塌陷、灰黑色带有血斑且湿润，淋巴结明显肿胀，呈白色或浅棕褐色。解剖公猪、母猪和育肥猪一般无肉眼可见病理变化。

（三）实验室诊断

1. 病毒检测

常采集流产死胎、新生仔猪的肺脏、淋巴结、扁桃体、心脏、脑、胸腺等组织，运用免疫组化和症状病理学技术观察病料中的 PRRSV 病原。通常应用免疫组化检测肺脏中的病毒时，至少需检测 5 个肺脏切片，才能鉴定 90% 以上的 PRRSV 感染。也可用免疫荧光抗体诊断技术检测肺脏中的病毒，该方法比免疫组化更快、更经济，但需要采集新鲜病料。RT-PCR 技术能检测样品中的 PRRSV，是目前发展比较快速的一类检测方法。环介导等温扩增（LAMP）技术能在水浴或热模块等恒温条件下扩增病毒 DNA 中的特异性片断。最近已有学者研发出一种快速检测 PRRSV 的免疫色谱试纸条，将血清或组织匀浆加至含有针对 PRRSV 核衣壳和膜蛋白特异性单克隆抗体的混合物中，病毒与抗体结合后，抗原–抗体复合物被色谱试纸条捕获。

2. 抗体检测

目前，检测 PRRSV 抗体最常用的方法有：间接免疫荧光抗体技术（IFA）、酶联免疫吸附试验（ELISA）和病毒中和试验（VN）。IFA 可最早在感染后 6d，一般在感染后 14d 内检测出抗体。目前，常用 IFA 对可疑阳性 ELISA 检测结果进行确诊，也常用于在检测肌肉浸出液和唾液样品中 PRRSV 抗体的监控程序中。目前，已生产了商品化用核衣壳蛋白做抗原的 ELISA 试剂盒，可适用于本病大规模的普查，该检测方法敏感性强、特异性高且快速，是目前临床上主要的诊断方法。此外，有学者发现 Nsp1、Nsp2、Nsp7 也能诱导机体产生较高水平的抗体，可用于发展 ELISA 试剂盒。病毒中和试验能中和细胞培养物中定量 PRRSV 的抗体，该检测方法具有高度特异性，但目前还未标准化。

四、综合防治

加强饲养管理，严格执行全进全出制度，定期消毒，搞好卫生工作，建立完善隔离设施，对引进的种猪进行严格检疫，消灭猪场周围可能带毒的野鸟和野鼠。对于饲养密度过大的猪群建议使用空气过滤系统，该系统能有效减少经空气传播疾病的发病率。疫苗免疫能有效的预防本病的发生，但是，由于1型和2型PRRSV存在巨大遗传差异，所以，疫苗诱导的交叉保护有限。例如，MLV PRRSV疫苗能产生保护性免疫，但对病毒的变异株缺乏有效的交叉保护。本病目前尚无特效药，但可给仔猪适当地注射抗生素并配合支持疗法，从而防止继发性细菌感染，提高仔猪存活率。

第三节　猪布鲁氏菌病

猪布鲁氏菌病主要是由猪布鲁氏杆菌（Brucella suis）引起的一种重要的人畜共患传染性病，以怀孕母猪流产、公猪睾丸炎为主要特征。该病不仅给养猪业造成巨大经济损失，而且对公共卫生和食品安全具影响重大。

1887年，英国Bruce首先在地中海马尔岛分离出布鲁氏杆菌，故而得名。1914年Traum从美国的印第安纳州猪流产胎儿分离出猪布鲁氏杆菌。最初由于技术的局限，将人源性猪布鲁氏杆菌误认为是流产布鲁氏杆菌。直至1929年将其确认为一种单独的布鲁氏杆菌属。20世纪中期，猪布鲁氏菌病是给美国养殖业造成巨大损失的猪病之一。

一、病原

截至目前，共发现8个布鲁氏菌种属，即流产布鲁氏杆菌、马耳他布鲁氏杆菌、猪布鲁氏杆菌、犬布鲁氏杆菌、羊布鲁氏杆菌、沙林鼠布鲁氏杆菌、鲸种布鲁氏杆菌和鳍种布鲁氏杆菌，他们不仅在宿主方面存在差异，而且在微生物学和特异性基因标记上也有一定差异。近期研究发现，从野鼠、隆胸手术感染病人和慢性破坏性肺炎病人中分离出具有布鲁氏菌特征的新种属，命名为田鼠型布鲁氏杆菌、人源性湖浪布鲁氏杆菌（Brucella inopinata）。但也有学者指出，田鼠型布鲁氏杆菌可能是猪布鲁氏杆菌生物型5的分支。

绝大部分猪布鲁氏菌病是由猪布鲁氏杆菌引起的。布鲁氏杆菌多呈球杆状，无鞭毛，不形成芽孢，革兰氏染色阴性，长为 $0.6 \sim 1.5\,\mu m$，宽为 $0.5 \sim 0.7\,\mu m$。猪布鲁氏杆菌具有极强的侵袭力和扩散力，不仅可通过破损的皮肤、黏膜侵入机体，还可以通过正常的皮肤和黏膜侵入机体。内毒素、荚膜和透明质酸等是该菌重要的毒力因子。

猪布鲁氏杆菌有5个生物型，其中，生物型1型、2型和3型能从猪体内分离到，是引起猪布鲁氏菌病的主要生物型。生物型4型只从驯鹿、驼鹿、美洲野牛、白狐和亚北极区的狼分离到。而生物型5型仅从野生啮齿类动物中分离到。

猪布鲁氏杆菌为严格需氧菌，最适温度为37℃，最适pH值为 $6.6 \sim 7.1$，对培养要求较高，在添加血液或血清的培养基中生长良好。本菌生长缓慢，通常菌落在 $2 \sim 4d$ 内长出，最长可达8d。

猪布鲁氏杆菌对外界的抵抗力较强，可以耐受干燥和低温，在污染的土壤、水源、粪便、尿液和饲料中可存活 1 个月，室温下可存活 5d，在冷暗处的胎儿体内能保存 6 个月。本菌对热和消毒药的抵抗力不强，阳光直射可减少它的生存时间，常用消毒剂可迅速将其灭活，如 2% 福尔马林、3% 漂白粉、10% 生石灰乳、2% 烧碱液和 1% 来苏尔。

二、流行病学

在中国，猪的饲养数量很大，但管理及防控技术比较落后，因此，饲养猪是猪布鲁氏菌病主要宿主。在澳大利亚、美国、欧洲等养猪发达国家，野猪已经成为猪布鲁氏菌病的主要宿主。有报道称，在欧洲从野兔体内分离出猪布鲁氏杆菌生物型 2 型，猪通过进食野兔或其下脚料而感染本病，因此，野兔也是本病一个潜在的传染源。

猪布鲁氏菌病在全球广泛分布，在美国、中国、非洲、欧洲、印度尼西亚、菲律宾等地区均报道发现本病。美国主要为猪布鲁氏杆菌生物型 1 型和 3 型流行为主，但现已根除；在美洲中部和南部主要为猪布鲁氏杆菌生物型 1 型；中国主要为猪布鲁氏杆菌生物型 1 和 3；欧洲大陆以野猪感染的猪布鲁氏杆菌生物型 3 型为主。猪除感染猪布氏杆菌外，还可能感染其他种属。已有报道，从家猪和野生猪中分离到流产布鲁氏杆菌、马耳他布鲁氏杆菌。

通常未达到性成熟的猪对猪布鲁氏杆菌不敏感，但性成熟后的公、母猪则十分敏感，特别是怀孕母猪最敏感，尤其是头胎怀孕母猪更易感染。猪布鲁氏杆菌可在几个月内从单个动物感染，传播到畜群中 50% 的动物感染。在早期的爆发中感染率一般在 70%～80%。

母畜感染本病时发生流产，大量的猪布鲁氏杆菌会随着胎儿、胎盘和子宫分泌物排出，广泛污染食物、水源以及周围环境。本病主要经消化道传播，易感动物通过摄入流产胎儿、胎盘或污染的饲料、水源而感染。通过交配、人工授精也是本病的重要传播途径，本菌在公猪生殖器官中可肉芽肿并持续很长时间，甚至可达 3～4 年，野猪与家猪之间的相互感染也是以性传播为主。本病可垂直传播，仔猪在子宫内感染，其出生后带毒且没有明显临床症状，作为隐性携带者而传播疾病。本病也能通过机械性媒介，如犬、猫、野生动物和鸟进行间接传播。此外，本病还可通过破损的结膜和皮肤感染患病。

人布鲁氏菌病是世界范围内的主要人畜共患病，大部分病例是由污染的未经高温消毒的牛奶及其制品所引起。猪布鲁氏杆菌只有生物型 1 型、3 型对人具有致病性，患病者具有明显的职业特征，如屠宰场工人、饲养员、兽医、实验室工作人员、毛皮加工人员。

三、诊断

（一）临床症状

母猪最明显症状是流产，阴道流出黏性或脓性分泌液。母猪在妊娠期的任何阶段都有可能发生流产。通过与患病公猪交配或人工授精而感染的母猪出现胎盘炎，从而破坏营养和氧气的运输，通常在妊娠期的 21～27d 内出现胎儿死亡和流产。由于流产胎儿很小，母猪多将胎儿连同胎衣吃掉，故不易被人发现，但在配种后的 40 ~ 45d 会反常性的再次发情。在实验中对妊娠 40d 母猪进行口服或者肠道接种细菌，可使胎儿感染并在孕期的中后期发生流产。野外感染一般在孕期的 50 ~ 100d 发生流产。部分母猪可在怀孕后期产下死胎或弱胎。流产母猪可表现出阴道流出黏性红色分泌物和胎盘滞留。部分病猪因细菌的持续性感染而引起子宫炎或子宫内膜炎，子宫黏膜常出现黄色粟粒大结节或卵巢脓肿，导致不孕。若母猪配种后能怀孕，则第二次可正常产仔，极少出现反复流产。

公猪常发生睾丸炎和附睾炎。公猪感染本病后持续期变长，并有明显的慢性病症状。患病公猪出现单侧或双侧睾丸炎，发病睾丸肿大、疼痛，严重者病侧睾丸极度肿大，状如肿瘤。随着病情的延长，愈后可出现睾丸萎缩，性欲减退甚至消失，失去配种能力。

此外，部分病猪表现为关节肿胀，后驱麻痹，脊髓炎，并伴有跛行或走路不稳，甚至瘫痪。未达到性成熟的猪感染本病，通常不会有明显的临床症状。

（二）病理变化

猪布鲁氏杆菌能刺激动物机体产生肉芽肿，初期会出现脓肿，随后形成完好包囊的干酪样肉芽肿，从而造成长期的非致死性感染。肉芽肿中心为无固定形状的结节性坏死组织，被聚集在周围的巨噬细胞、上皮样巨噬细胞、多核巨细胞、淋巴细胞和浆细胞环绕，边缘是由圆周状纤维和胶原蛋白形成胶囊状。肉芽肿主要分布在乳腺组织、胎盘和滑膜组织，但在睾丸、附睾、精囊、子宫、肝、骨骼、淋巴结等也可被感染。在公猪、母猪的生殖系统内感染形成肉芽肿，是造成临床上流产、不孕的主要原因。

子宫出现多病灶粟粒状黄色结节，直径多半在 2 ~ 3mm，切开可产生干络样渗出液，部分小结节相互融合形成斑块，导致子宫黏膜增厚。子宫上皮或黏膜内腺体可见细胞内质部分脱落或鳞状细胞化生。输卵管出现黄色结节，可导致输卵管阻塞和积脓。部分病猪的子宫韧带表面出现细小不规则的肉芽肿。

由于猪的各个胎衣互不相连，胎儿受感染的程度和死亡时间有所不同，有的呈干尸化，有的死亡不久，有的为弱仔猪，甚至还可产出正常仔猪。流产胎儿的肚脐和体腔周围出现皮下组织水肿、出血。公猪可见由脓肿和肉芽肿引发的睾丸炎和附睾炎，部分伴有纤维素性脓肿和出血性睾丸鞘膜炎。也可出现睾丸肿大或萎缩，并伴有不同程度的附睾肿大。精囊腺肥大，尿道球腺、前列腺脓肿。四肢关节出现脓性或纤维素样脓性滑膜炎，腰椎常出现骨髓炎。骨损伤常伴发干酪样坏死性肉芽肿或脓性脓肿，骨损伤脊髓压迫或脊柱病理性骨折通常会造成下身麻痹或瘫痪。

（三）实验室诊断

1. 直接镜检

取阴道拭子涂片或流产胎儿抹片，染色镜检，若观察到布鲁氏杆菌，则可初步确诊，但该方法缺乏敏感性和特异性。

2. 分离培养

取患病动物的阴道分泌物、乳汁、精子、胎膜或流产胎儿的胃内容物、脾、肾等，接种选择培养基中，37℃ 5%～10% CO_2 培养 3～4d。观察细菌菌落，并染色镜检。

3. 试管凝集试验

该方法是目前常用于检测猪布鲁氏菌病的诊断方法。将待检血清依次倍比稀释后，加入抗原充分混匀，置 37℃ 温箱 24h，观察结果。

4. ELISA

间接 ELISA 和竞争 ELISA 是两种的敏感性和特异性很强的诊断方法，目前，动物卫生组织已经推出初步的诊断标准。

四、综合防治

截至目前，还没有疫苗控制猪布鲁氏杆菌。最早中国报道了口服猪布鲁氏杆菌 2 型疫苗株，但该试验早已停止。在欧洲野猪和野兔体内广泛存在猪布鲁氏杆菌 2 型，因此，开放式农场饲养的猪最易感染，建议完善生物安全措施预防猪只与野生动物接触。使用抗生素治疗是目前减少临床感染比较重要的方法。建议土霉素结合链霉或土霉素结合庆大霉素，是治疗布鲁氏分枝杆菌病比较好的方法。

第四节 猪细小病毒病

猪细小病毒病（Porcine parvovirus infection，PPI）是由细小病毒引起猪的繁殖障碍性疾病，其特征为感染母猪，特别是初产母猪流产，产死胎、畸形胎、木乃伊胎和病弱仔猪。

1965 年，Anton Mayr 在用猪肾原代细胞进行猪瘟病毒组织培养时发现并分离出猪细小病毒，此后，Cartwight 首次证实其可引起地方性繁殖障碍。自 20 世纪 60 年代中期以来，欧洲、美洲、亚洲等多国分离到本病毒并检测出其抗体，猪细小病毒病已遍布全世界。近年来，猪细小病毒感染呈扩大趋势，给全球养猪业造成巨大的经济损失。

一、病原

猪细小病毒（Porcine parvovirus，PPV）属于细小病毒科，细小病毒亚科，细小病毒属。病毒外观呈六角形或圆形，核衣壳呈 20 面体等轴立体对称，无囊膜，直径为 18～26nm，只发现一种血清型。

PPV 基因组是包含大约 5 000 个碱基的单分子线状单链 DNA 分子。基因组编码 3 种结构蛋白 VP1、VP2 和 VP3。较小蛋白 VP2 是从较大蛋白 VP1 相同 RNA 模板上剪接得到，因此，VP2 的全部序列呈现在 VP1 中，但后者有一个包含大约 120 个氨基酸的独特的氨基终端。一些分子被蛋白酶翻译后修饰，产生较小的蛋白 VP3。VP1 结构中含有一段核内定位信号序列，可介导其自身或异物蛋白进入细胞核，这对病毒在细胞核内的定位是至关重要的。VP2 是主要免疫原性蛋白，其含有一段 PIW 保守序列，而在无感染性的弱毒株中不含有该序列，因此推测此段保守序列可能是产生完整病毒结构蛋白和成熟病毒粒子必需的功能区域。此外，具有血凝特性的血凝部分也分布在 VP2 蛋白上。基因组编码 3 种非结构蛋白 NS1、NS2、NS3。NS1 和 NS2 在病毒的复制过程起作用，目前，NS3 蛋白的功能尚不清楚。

不同的 PPV 菌株，其致病性有着明显差异。KBSH 菌株是完全非致病性的，即使在实验过程中接种胎儿，也不会被感染；NADL-2 是弱毒株，在其感染细胞中存在干扰缺损颗粒，可减缓或干扰 NADL-2 的复制，这为宿主建立起抵抗 PPV 的免疫反应提供足够时间，常被用作弱毒疫苗；NADL-8 是强毒株，可通过胎盘垂直感染使得胎儿死亡，但不能使具有免疫功能的胎儿死亡；Kresse 是强毒株，对胎儿有很强的致死性，甚至能使具有免疫功能的胎儿死亡。

PPV 并能在原代猪肾细胞、猪睾丸细胞、PK-15、CPK、MVPK、SPEV、ST、IBRS-2 等细胞上生长繁殖，并引起细胞病变。病毒能凝集人（O 型血）、鼠、猴、鸡和人的红细胞。

PPV 具有较强耐热性，90℃ 干热不能灭活本病毒，56℃ 48h 或 80℃ 5min 才能使病毒失去感染力和血凝活性。本病毒对 70% 酒精、0.05% 季铵盐、低浓度次氯酸、乙醚、氯仿、三氯甲苯和脱氧胆酸钠均有较强的抵抗力，但对乙醛消毒剂、高浓度次氯酸钠、7.5% 过氧化氢敏感。对 pH 值适应范围很广，在 pH 值 3 ~ 9 均较稳定。

二、流行病学

猪是猪细小病毒的唯一宿主。不同年龄、性别、品种的家猪和野猪都可感染，常见于初产母猪。据报道，在牛、羊、猫、小鼠和豚鼠血清中存在本病毒的特异性抗体，这表明猪细小病毒的宿主范围可能在逐渐扩大。

患病猪和带毒猪是主要的传染源。本病只有妊娠母猪表现出临床症状，病毒在易感猪体内迅速繁殖，随着急性感染猪的排泄物和分泌物不断流出，当达到一定量后，不会在环境中失活而造成流行。病毒抵抗力较强，在外界环境中能保持传染能力长达数月。健康猪接触被污染的水源、饲料、草垫、圈舍时可感染本病。在自然感染公猪的精液中可分离出病毒，在其配种时可将病毒传给易感母猪。病毒能穿过猪的胎盘屏障感染胎儿，在患病母猪所产的死胎、活胎及子宫分泌物中可检测出高滴度的病毒。有报道称，啮齿动物也可作为携带者将病毒引入猪群。

本病一般呈地方流行性或散发性。本病具有很强的感染性，一旦有病毒传入易感的健康猪群，3 个月内可导致猪群 100% 感染，且感染猪在较长时间都保持血清学反应阳性。因此，在发生本病后，猪场可能连续几年出现母猪繁殖失败。若足够比例的母猪通过人工接种或自然接触获得免疫，PPV 不会立即引起猪群发病。但是，已证实 PPV 能在接种的猪只体内增殖，所以，仅靠接种是不能绝对预防本病的。

三、诊断

（一）临床症状

本病唯一及主要临床症状是母猪出现繁殖障碍，主要危害初产母猪。感染症状与发生感染的妊娠阶段有关。在妊娠刚开始时，由于有透明带保护胎体，不易感染。此后到妊娠 35d 感染，可见胚胎死亡并被母体迅速吸收，母猪有可能重新发情。怀孕 35d 时胎儿器官基本形成，胎儿骨骼开始发育，若在此后感染，可导致胎儿死亡并逐步形成木乃伊胎。怀孕 70d 感染，常出现流产症状。怀孕 70d 以后感染，此时，胎儿能够有效地免疫，母猪能正常产仔，但仔猪带有抗体和病毒。此外，本病还可以引起母猪发情不正常，久配不孕。

（二）病理变化

病毒首先在扁桃体和鼻腔中复制，1～3d 后病毒到达淋巴系统，导致病毒血症，15d 左右通过胎盘传播感染胎儿。母猪患有子宫内膜炎，胎盘有部分钙化。胎儿则表现为以下不同病变：胚胎死亡并被软组织吸收；胎儿发育迟缓，体表皮肤出现出血、充血；胎儿水肿、出血，体腔内血性浆液积存，死亡和脱水后逐步变暗，形成木乃伊化；胎盘脱水，颜色从棕色至灰色，体积不断缩小；获得免疫能力的胎儿无明显病变。

主要微观病变为母猪的妊娠黄体萎缩，子宫内膜和子宫肌层周围的血管广泛地存在单核细胞的血管套现象。胎儿可见多组织和器官发生细胞坏死，皮下和肌肉组织出血，肺、肾、肝、骨骼肌出现坏疽和矿化，大脑的灰质和白质外周血管套的外膜细胞、组织细胞和少量浆细胞增生。仔猪非化脓性心肌炎，可见单核细胞浸润、心肌之间出血。部分公猪出现生精上皮退化。

（三）实验室诊断

1. 病毒分离鉴定

常用流产、死亡胎儿的脑、肾、肺、肝、胎盘和肠系膜淋巴结作为分离病毒的材料，特别是肠系膜淋巴结和肝脏分离率较高。将病料离心后加双抗处理，离心后取上清接种猪传代肾细胞，观察细胞病变。

2. 血凝与血凝抑制试验

常用试管法和微量法，待检血清经 56℃ 30min 灭活，然后用 50% 豚鼠红细胞吸附除去血清中的非特异性凝集素。将待检血清倍比稀释后加入等量 4 单位血凝抗原混匀，室温作用 1h，加入等量 1% 的豚鼠红细胞液，4℃ 放置 4～6h，若滴度在 1∶20 以上则判为阳性。血凝与血凝抑制试验操作简单、快速，是目前最为常用的方法之一。

3. 分子生物学技术

用 ^{32}P 标记的探针检测样品中的细小病病毒，该方法灵敏度高、特异性强。随着 PCR 技术的日趋成熟，在本病的诊断中得以广泛应用。PCR 技术能诊断胎儿组织、精子及其他样品中的病毒，目前，已建立有诊断猪细小病毒病和圆环病毒病的多重 PCR。

4. 酶联免疫吸附试验

本方法比血凝与血凝抑制试验检测效果更好，能标准化、自动化的高通量的测试，且不需要处理待检血清。

四、综合防治

本病尚无有效的治疗方法，主要是实行综合防制措施。对本病清净的猪场，应防止将本病毒引入。坚持自繁自养的原则，若必须引进种猪，需从未发生过本病的猪场引进。引进种猪后应隔离观察 1 个月，经检测确定为阴性后，才合群饲养。细小病毒对外界抵抗力强，具有高度的感染性，在猪中流行很普遍，因此，很难建立和维持无细小病毒感染的猪群。提高商品猪对本病毒的免疫力显得尤为重要。在本病流行的猪场，对初次配种母猪的配种时间推迟到 9 月龄以后，若要早于 9 月龄配种，需经血凝抑制试验检测，只有达到高免疫状态的母猪才可进行配种。对后备母猪和公猪进行人工接种或自然感染，在其 4~5 月龄时放入血清学阳性母猪群中混合饲养，从而使后备母猪感染，获得主动免疫。但这种方法非常危险，能导致猪群中其他病原体的传播，例如，猪瘟病毒、圆环病毒等。由于细小病毒血清型单一及其具有高免疫原性，因此，给繁殖母猪进行合理有效的常规疫苗接种是控制本病感染的最主要的方法。目前，常用的疫苗主要有灭活疫苗和弱毒疫苗。

第五节　猪流行性乙型脑炎

本病又称日本乙型脑炎（Japanese encephalitis B），是由黄病毒科乙型脑炎病毒引起的经蚊媒传播的猪繁殖障碍性疾病，表现为母猪流产、产死胎、木乃伊胎，公猪出现睾丸炎。人和马呈现脑炎症状，其他家畜和家禽大多呈隐性感染。

1933 年，Fujita 首次从日本人脑炎病例分离出到病毒，1934—1936 年日本发生严重的马脑炎，试验证实，马脑组织中分离到的病毒与人脑分离的病毒完全一致，随后又从猪、牛、羊等动物体内分离到同样的病毒，将其称为日本脑炎病毒。由于当时冬、春季节还流行一种昏睡性脑炎，两者易混淆，日本学者将冬春季流行的脑炎称为流行性甲型脑炎；而将夏秋季流行的脑炎称为流行性乙型脑炎。1935—1937 年，日本学者从三带喙库蚊体内分离到病毒，从而证实了乙型脑炎的发病原因。本病分布很广，主要分布在东南亚和太平洋西部地区，我国大部分地区也时有发生。乙型脑炎属于人畜共患病，能引起人的神经系统疾病，威胁人类健康，也是严重危害养猪业的重大疫病之一，被世界卫生组织列为需要重点控制的传染病。

一、病原

日本乙型脑炎病毒（Japanese encephalitis virus，JEV）属于黄病毒科黄病毒属。病毒粒子呈球形，直径约为 45~50nm，有囊膜，为单股 RNA。在氯化艳中的浮密度为 1.24~1.25g/cm³，沉降系数为 200s，其分子量约为 3 000KD。病毒核心为 RNA 包以脂蛋白囊膜，外层为含有糖蛋白的纤突，纤突具有血凝活性。病毒只含有一个长的开放阅读框架，近 5' 末端 1/4 段编码病毒 3 个结构蛋白基因（C 蛋白、M 蛋白和 E 蛋白），近 3' 末端 3/4 段编码 7 个非结构蛋白基因（NS1、NS2A、NS2B、NS3、NS4A、NS4B 和 NS5）。

M 蛋白是病毒粒子在成熟过程中有前体蛋白 prM 切割而成，是囊膜主要结构成分之一，该蛋白与病毒的感染性有关。E 蛋白是主要的结构蛋白，它参与病毒粒子的吸附、穿入、致病和诱导宿主的免疫应答，同时，E 蛋白是体外中和作用的主要靶位点和病毒特异性抗体的作用位点，可激发中和抗体和保护性免疫。NS1 蛋白参与病毒的复制，是主要的抗原成分之一。

JEV 可分为 3 个血清型：JaGAr、Nakayama 和 Mie（intermediate type），他们的生长特性和毒力存在着差异。根据 prM 基因和 Env 基因特性，将 JEV 分成 5 类基因型。基因 1 型包括来自越南、泰国北部、柬埔寨和韩国、日本、澳大利亚部分的毒株；基因 2

型包括来自马来西亚、泰国南部和澳大利亚部分的毒株；基因 3 型包括来自中国、菲律宾、东南亚和日本、韩国部分毒株；基因 4 型只包括印度尼西亚毒株；基因 5 型只包括在新加坡分离的 Muar 毒株。

JEV 对外界抵抗力不强，56℃ 30min 或 100℃ 2min 可将其灭活。在 –70℃ 或冻干可存活数年；–20℃ 可保存一年，但毒价降低；4℃ 时在 50% 甘油生理盐水中可存活 6 个月。JEV 最适 pH 值为 8.5，当 pH 值在 7 以下或 pH 值在 10 以上，病毒活性迅速下降。常用消毒剂就有良好的灭活作用，病毒对乙醚、脱氧胆酸和氯仿敏感。

病毒囊膜外表的纤突其具有血凝活性，能凝集鸽、鹅、绵羊和雏鸡等动物的红细胞，但不同毒株的血凝滴度有明显差异。本病毒适宜在鸡胚卵黄囊内繁殖，也可在鸡胚成纤维细胞、牛胚肾细胞、人胚肺细胞、人羊膜细胞、猪肾原代细胞、狗肾原代细胞（PDK）、白蚊伊蚊细胞（C6/36）、金黄地鼠肾原代细胞（PHK）、仓鼠肾细胞、BHK-21、PK-15、Hela、Vero 等原代和传代细胞中增殖，并产生细胞病变和形成蚀斑。

蚊虫叮咬易感动物时，将含有乙型脑炎病毒的唾液注入皮下，病毒最先在叮咬部位繁殖，继而在血管内皮和局部淋巴结复制，当达到一定量后便侵入血液循环，导致了最初的病毒血症。正是因为病毒血症的发生，许多组织被感染，特别是肌肉，这些细胞和组织分泌的病毒能引起第二次病毒血症，通常发生在感染后 1~3d，持续 4d 左右，在感染后第 3d 病毒能到达中枢神经系统，并在感染后 7d 穿过胎盘到达胎儿。

二、流行病学

本病为人畜共患的自然疫源性传染病，多种动物感染后都可成为本病的传染源。在本病流行地区，畜禽的隐性感染率很高，调查发现在国内很多地区的猪、马、牛等的血清抗体阳性率高达 90%，尤其是猪的感染率特别高。猪是本病毒的主要增殖宿主和传染源，猪在感染后形成高的、持续性的病毒血症，血液中的病毒含量较高，猪对吸血蚊子有很大的吸引力，易通过"猪–蚊–猪"循环扩大病毒的传播。在许多国家，猪已被作为标记动物来监测病毒的活性，用作早期的预警系统。马、牛和山羊是以死亡告终的终末宿主。野生鸟类也是本病的重要储藏宿主，可在疾病的流行中充当放大器。除猪以外，其他动物虽能感染本病毒，但能随着血液中抗体的产生，病毒很快从血中消失，作为传染源作用较小。

本病主要通过带毒蚊虫叮咬而传播。三带喙库蚊是本病最主要的媒介，嗜吸畜（猪、牛、马）血和人血，仅需极小剂量便能感染，传染性强，病毒能在蚊体内繁殖和越冬，且可经卵传至后代，带毒越冬蚊能成为次年感染人畜的传染源。某些其他种类的蚊子也可传播疾病，例如，雪背库蚊、魏仙库蚊、棕头库蚊、二带喙库蚊、致倦库蚊和致乏库蚊等。

人主要被带毒蚊子叮咬而感染该病，据估计每年有数万人感染乙型脑炎，主要侵犯 10 岁以下儿童，尤以 3~6 岁发病率最高。临床上大约 25% 病例出现死亡，50% 病例留有神经系统后遗症，如四肢瘫痪、精神迟钝、意识障碍、痴呆、失语等，大约 25% 病例能完全康复。

本病的流行是以蚊虫为传播媒介，当温度在 20℃ 以上蚊虫的活动增加，因此，在热带地区，本病全年均可发生；在亚热带和温带地区本病具有明显的季节性，主要在夏季流行。在我国90%的病例发生在7月、8月、9月份，发病高峰在7~8月，我国海南、广东、福建和台湾等省常年有次病发生。我国除西藏、新疆外，其他地区省市均发生过乙型脑炎。

三、诊断

（一）临床症状

潜伏期一般为3~4d，患病猪体温升高达40~41℃，呈稽留热，精神萎靡、嗜睡。食欲减退，饮水增加。粪便干燥呈球状，表面常附有灰白色黏液，尿呈深黄色。有的猪后肢轻度麻痹，步态不稳，或后肢关节肿胀疼痛而跛行。个别表现出明显神经症状，视力障碍，摆头，乱冲乱撞，后肢麻痹，最后身躯麻痹而死。

妊娠母猪在妊娠后期常突然发生流产，产出大小不等的死胎、畸形胎、木乃伊胎和弱胎，流产后临症症状减轻，体温、食欲恢复正常。少数母猪流产后从阴道流出红褐色乃至灰褐色黏液，胎衣不下。流产后不影响下次配种。

流产胎儿多为死胎和木乃伊胎，或濒于死亡。部分存活仔猪虽然外表正常，但衰弱不能站立，不会吮乳；有的出生后出现神经临诊症状，全身痉挛，倒地不起，1~3d死亡。

公猪除出现上述一般临诊症状外，突出表现是局部发热，有痛感，发生睾丸炎，一侧或两侧睾丸明显肿大，阴囊皮肤发红。数天后睾丸肿胀消退，或者变小、变硬，精子运动减慢或精子异常，严重者丧失形成精子功能。部分患病公猪可恢复正常。

（二）病理变化

主要病变发生在脑、脊髓、睾丸和子宫。脑脊髓液增量，脑膜和脑实质充血、出血、水肿。公猪睾丸肿胀、实质充血、出血和坏死灶，在鞘膜腔内可看到聚集的黏液，鞘膜脏层以及附睾出现纤维性增厚。流产胎儿常见脑水肿，小脑发育不全，腹水增多，皮下水肿、有血样浸润，浆膜出血。脊柱脊髓形成过少，脊髓充血，全身肌肉褪色，似煮肉样。

（三）实验室诊断

1. 病毒分离

取感染胎儿的脑、脾、肝或死胎或新生儿的胚盘组织。接种2~5日龄乳鼠或用本病的易感细胞底物中进行接种，也可将病料组织接种7~9日龄的鸡胚卵黄囊内，几天后收获胚体，在作乳鼠或细胞培养物接种，分离病毒后再作进步的鉴定。

2. 补体结合试验

补体结合试验是确诊本病最常用的方法之一，该方法特异性强，敏感性较强，但由于被体结合抗体出现较晚，动物常在发病后2周左右出现阳性反应，所以，补体结合试验只能作为回故性诊断。

3. 血凝抑制试验

该方法能较早测定乙型脑炎病毒的抗体，一般按双份血清法判定。通常发病后的

4~5d 便可检测出抗体，病后 2 周左右达到高峰，并可持续 1 年左右。

4. 乳胶凝集试验

现已有商品化的乳胶凝集试验试剂盒，用于检测乙型脑炎的抗血清，能对乙型脑炎抗体进行定性或定量分析，操作方便、简单，特别适用于技术条件相对比较落后的猪场。

5. 酶联免疫吸附试验

试验中的阳性检出率明显高于补体结合试验，且能检出 IgM 抗体，从而具有早期诊断意义。需注意的是黄病毒属病毒之间有高度的血清学交叉反应，因此，在诊断时需考虑血清学交叉反应的影响。

6. 分子生物学诊断

可用 RT-PCR 技术检测脑脊液、血清、组织培养悬浮液中的病毒，本方法灵敏度高，有报道在感染本病的蚊子死亡后 2 周，仍可通过 RT-PCR 检测到病毒，但 RT-PCR 技术比较费时费力。逆转录环介导等温扩增（RT-LAMP）试验是目前开始流行的一种检测方法，该方法是较 RT-PCR 更为简单的核酸检测方法，不需要复杂的设备也不需要技术人员。

四、防治

目前，本病没有特效药物，也没有有效的治疗方法，通常采取防治措施预防本病。防治本病主要是通过防蚊灭蚊和免疫接种。蚊虫在本病的传播过程中起着重要作用，因此，灭蚊是控制乙型脑炎流行的一项重要措施。三带喙库蚊是本病在亚洲传播最主要的载体，其他种类的蚊子，例如，雪背库蚊、魏仙库蚊、棕头库蚊、二带喙库蚊等也能传播本病。这些蚊子主要是大米田间的品种，常在夜间叮咬动物和人类，特别是在傍晚之后和清早的较短时间内，通过叮咬将病毒传给动物和人。目前，国内外主要的灭蚊措施有药物灭蚊、生物学和生态学灭蚊法。

乙型脑炎是自然疫源性疾病，通过防止猪接触感染病毒的蚊子能有效控制乙型脑炎的发生，但通常情况下这是不切实际的，猪不可能生活在完全没有蚊子的环境中。因此，免疫接种是一项有效的措施。目前，世界上猪用疫苗主要有两种，来源于鼠脑的灭活苗和经减毒的弱毒苗。大量试验表明弱毒疫苗比灭活苗对猪群的保护效果更好。并且灭活苗含有较多的脑组织成分，接种后易发生变态反应性脑脊髓炎。

第六节 猪弓形虫病

猪弓形虫病是由刚第弓形虫寄生于猪的有核细胞内引起的一种原虫病。本病以患病动物出现高热、呼吸及神经系统症状、妊娠动物流产、死胎、胎儿畸形为特征。本病是一种人畜共患病，目前，普遍认为猪肉是人感染弓形虫的主要来源。

一、病原

刚第弓形虫属于球虫类原虫，其发育阶段可分滋养体（速殖子）、包囊、裂殖体、配子体和卵囊五个阶段，在不同发育阶段虫体形态也不同。在猪体内存在的弓形体有速殖子和包囊。

速殖子呈香蕉形或新月形，可引起组织损伤，并发育成缓殖子，形成包囊。速殖子可在肠道固有层增殖，最终扩散至全身各器官。包囊呈卵圆形，有较厚的囊膜，主要寄生于被感染动物的可食组织中，包囊含有以缓慢方式进行增殖的缓殖子。包囊在组织中可存活数年，甚至可与宿主生命一样长。成熟的裂殖体呈圆形，游离的裂殖体前端尖后端圆，寄生于猫的肠上皮细胞。大配子体的核致密，较小，含有着色明显的颗粒；小配子体色淡，核疏松，后期分裂形成许多小配子体，每个小配子体都有一对鞭毛。卵囊呈圆形或椭圆形，孢子化后每个卵囊内有 2 个孢子囊，每个孢子囊内有 4 个子孢子。

速殖子对外界的抵抗力较弱，在生理盐水中几小时便可丧失感染力，各种消毒剂均能迅速将其杀死。而卵囊的抵抗力较强，在外界了存活 100～400d，一般消毒剂无作用。

二、流行病学

刚第弓形虫是一种多宿主原虫，中间宿主可为哺乳类、爬行类、鸟类、鱼类和人等，终末宿主主要为猫及其他猫科动物。被刚第弓形虫感染的猫和老鼠是猪弓形虫病最主要的传染源，他们的脏器、肉、粪便、尿液及分泌物可携带弓形虫。猫通常是摄食被弓形虫污染的鼠类或鸟类而感染。但只有猫及其他猫科动物能从粪便中排出弓形虫卵囊的动物，在将弓形虫传播给猪和其他动物中起着重要作用。

消化道传播是猪感染本病最主要的传播途径，猪通过摄入被刚第弓形虫卵囊污染的饲料和水源而感染。速殖子可通过鼻、口、咽、呼吸道黏膜及受损的皮肤而进入猪体内。本病也可通过胎盘感染进行垂直传播。本病没有明显的季节性，但以夏、秋季发病最多。

有学者在美国伊利若斯州进行大范围弓形虫抗体调查，结果表明母猪阳性率为15%～20%，架子猪阳性率为 3%～5%。仔猪先天感染刚第弓形虫的感染率非常低，不足 0.01%。而在我国猪场本病的阳性率较高，通常都在 20% 以上，个别猪场可达 60%。

三、症状

（一）临床症状

根据弓形虫虫株的毒力、感染猪的年龄、感染途径以及感染数量的不同，其临床症状呈现出差异。仔猪多呈急性感染，潜伏期为 3～7d。病猪精神沉郁，食欲减退或完全废食，体温升高至 41℃ 以上，稽留 7～10d。呼吸困难，呈犬坐式或腹式呼吸；出现便秘，粪便干燥呈粒状，后期出现下痢。发病数日后可出现神经症状，后肢麻痹，行动摇晃，喜卧。鼻镜干燥，被毛逆立，结膜潮湿发红。随着病程发展，在病猪耳部、鼻端、后肢股内侧和下腹部等处皮肤出现紫红色斑或出血点。最后因体温急剧下降，呼吸极度困难，窒息而死亡。

急性型耐过猪可转变为慢性，部分症状消失，一般于 2 周后恢复。但往往遗留有呼吸困难、咳嗽以及后驱麻痹、斜颈、癫痫样痉挛等神经症状。

怀孕母猪最初表现为精神萎靡、嗜睡、厌食、体温升高等，数天后出现流产症状或产死胎、畸形胎。经胎盘被感染的胎儿在出生后可出现发育不全、体弱，部分在出生后不久死亡。即使出生后存活的仔猪也可能出现腹泻、咳嗽、震颤、共济失调等症状。

（二）病理变化

病猪耳部、下腹部、后肢和尾部可见渗出性出血。全身淋巴结肿大，有出血点和灰白色坏死点。肠道出血，肠黏膜增厚，出现坏死灶，糜烂。肺高度水肿，呈大叶性肺炎，暗红色，其内充满半透明胶冻样渗出物，切面流出大量带泡沫的浆液。气管和支气管有大量黏液和泡沫。肝脏肿大呈灰红色，散在针尖至黄豆大小的灰白色或灰黄色的坏死灶。脾脏早期显著肿大呈棕红色，后期出现萎缩。肾脏表面和切面可见针尖大小出血点。有时可见心肌炎和脑炎。

（三）实验室诊断

1. 直接涂片镜检

取症状或病变明显病畜的血液、脏器（包括肺、肝、脾、肾）、淋巴结、体液做涂片或压片，待自然干燥后甲醛固定，用姬姆萨或瑞士染色镜检。若发现呈弓形或新月形的滋养体，即可确诊。但本方法检出率一般较低。

2. 集虫法检查

取患病猪肝、肺或淋巴结研碎，加10倍生理盐水过滤，500r/min低速离心3min，取沉淀涂片，自然干燥，用姬姆萨或瑞士染色镜检。

3. 动物接种

取患病动物的肝、肺或淋巴结等病料研碎后加10倍生理盐水和双抗（青霉素和链霉素）置室温1h，取上清接种对小鼠进行腹腔接种，每只接种0.5~1.0ml。观察20d，若小鼠出现被毛粗乱、呼吸急促或死亡等发病症状，即可取小鼠腹腔或脏器涂片，染色镜检。

4. 血清学检查

国内外已研究出多种血清学诊断方法，包括间接凝集试验、色素试验（DT）、皮内试验（ST）。优化的间接凝集试验，是检测弓形虫隐性感染最敏感且特异性最强的一种血清学方法。

四、防治

（一）预防措施

目前，本病无弓形虫疫苗，只能通过科学管理预防猪感染刚第弓形虫。猫在本病的传播中起着重要作用，因此，养殖场应禁止养猫，严防猫只进入猪舍和存放饲料的房舍，防止猫的排泄物对饲料、水源及畜舍环境的污染。做好猪圈的防鼠灭鼠工作，防止猪吃到鼠的尸体。禁用生肉和未煮熟的泔水喂猪。

搞好宿舍环境卫生，保存舍内清洁干燥。定期对环境、用具消毒，一般消毒剂如1%来苏尔溶液、3%烧碱、2%石灰水等都可用。患病猪尸体、流产胎儿及其他排出物等应烧毁或深埋，防止污染环境。流行区应定期作流行病学监测，阳性动物及时淘汰或治疗。在本病易发季节可用药物预防。

（二）治疗措施

本病以化学药物为主，在发病初期应及时用药，主要采用磺胺类药物和与之配合使用的乙胺嘧啶和甲氧苄胺嘧啶。建议治疗方案：①磺胺嘧啶（70mg/kg 体重）＋甲氧苄胺嘧啶（14mg/kg 体重），每天 2 次，连用 3～5d；②磺胺嘧啶（70mg/kg 体重）＋乙胺嘧啶（60mg/kg 体重），每天 2 次，连用 3～5d；③磺胺嘧啶（70mg/kg 体重）＋二甲氧苄胺嘧啶（14mg/kg 体重），每天 2 次，连用 3～5d；④长效嘧啶（60mg/kg 体重）配成 10% 溶液肌肉注射，连用 7d。而抗生素类药物，如青霉素、四环素、土霉素、卡那霉素、链霉素均已证实对本病无治疗效果。

第五章 猪的腹泻性疾病

第一节 猪传染性胃肠炎

猪传染性胃肠炎（Transmissible gastroenteritis of pigs，TGE）是由猪传染性胃肠炎病毒引起猪的一种高度接触性肠道疾病。临床特征以呕吐、严重腹泻和脱水为特征。各年龄的猪都可发生，10日龄以内仔猪病死率很高，可达100%；5周龄以上则死亡率很低，但生产性能下降，饲料报酬率降低。

1946年Doyle和Hutchings首次在美国报道了本病发生，此后流行于世界各养猪国家和地区。我国自20世纪70年代以来，本病的疫区不断扩大，常与猪流行性腹泻混合感染，给养殖业造成了巨大经济损失。

一、病原

猪传染性胃肠炎病毒（Transmissible gastroenritis virus，TGEV）属于冠状病毒科冠状病毒属，形态多样，呈球形、椭圆形或多边形，直径为60~160nm的单股RNA病毒。病毒表面有囊膜，表面有纤突，长约12~25nm。

迄今TGEV只分离出一个血清型，与猪血凝性脑脊髓炎病毒和流行性腹泻病毒无抗原相关性，但与犬冠状病毒、猫传染性腹膜炎病毒之间有抗原交叉关系，所以，认为犬和猫是TGEV的携带者。通过对猪呼吸道冠状病毒（PRCV）作序列分析，发现TGEV和PRCV的全部氨基酸和核苷酸具有96%的同源性，表明PRCV是TGEV的变异株。

病毒的核衣壳蛋白N与RNA结合形成一个螺旋状糖蛋白复合物，这种结构与膜糖蛋白M形成一个20面体，其中，带有一个糖基的位点亲水性的N末端与干扰素的形成有关。病毒表面的糖蛋白S是一个三聚体，在病毒的中和反应和红细胞凝集反应中发挥重要作用，并能使病毒在细胞膜上附着，促使细胞膜融合。病毒存在于猪的各个器官、体液和排泄物中，其中，在空肠、十二指肠和肠系膜淋巴结中含量最高。

TGEV可在猪肾细胞、猪甲状腺细胞、猪睾丸细胞、唾液腺细胞等培养物中增殖，引起明显的细胞病变。猪舍的环境温度可影响病毒在猪体的繁殖，通常病毒在8~12℃的环境中比在30~35℃的环境中产生更高的毒价，这可能是本病毒在冬季流行的一个因素。病毒对外界的抵抗力不强，干燥、温热、阳光、紫外线均可将其杀死。阳光下暴晒6h即可将其灭活，紫外线能使病毒迅速失效。56℃ 45min或65℃ 10min即可将病毒杀死。但病毒在冷冻储存的条件下非常稳定，–20℃能保存6个月。病毒在pH值为4~8时比较稳定，pH值为2.5时可被灭活。一般的消毒剂便可杀死病毒，如烧碱、石炭酸、福尔马林、来苏尔、乙醚、氯仿等。

二、流行病学

本病主要发生于猪，不同年龄的猪均可感染，其中，以100日龄以内仔猪发病率和死亡率最高，但随着年龄的增长死亡率逐渐下降。断奶猪、育肥猪和成年猪发病的症状轻微，大多数能自然康复。

病猪和带毒猪是本病的主要传染源，他们通过排泄物、分泌物和呼出气体不断向外界排出病毒，污染饲料、水源、用具、空气等，经消化道和呼吸道感染易感猪。此外，TGEV能在泌乳母猪乳腺中增殖，通过乳汁排毒感染仔猪。有报道发现在慢性或持续性感染的猪粪便中含有病原可达18个月，这可能是猪群长期感染本病毒的一个重要原因。已证实TGEV可在除猪以外的其他动物身上存活。猫、犬、狐狸、燕八哥、苍蝇感染本病后无明显临床症状，但可通过粪便排出病毒感染猪，同时也是将病毒从一个猪群传播到另一个猪群的携带者。

本病流行有3种形式。

（1）流行性。多见于新疫区，常发生在冬季，所有年龄的猪均感染，症状明显，10日龄以内仔猪死亡率很高。

（2）地方流行性。多见于疫区，大部分猪有一定抵抗力，但由于不断有新生仔猪和引进易感猪，或哺乳仔猪被动免疫力下降，故病情有轻有重。

（3）周期性。本病在一个地区或猪场流行数年后，由于猪群获得较强的免疫力，仔猪也能得到较高的母源抗体，病情得以控制，可平息数年。但当猪群的抗体逐年下降后，TGEV重新侵入猪场引起猪群重新感染。此外，若同时感染TGEV的变异株PRCV，则可出现不同模式，使得TGEV的流行病学变得更为复杂。

本病具有明显的季节性，常发生在冬春寒冷季节，即12月至翌年4月，发病高峰为1~2月。一旦发病，病毒可在猪群中迅速传播，数日内部分猪群便可感染。

三、诊断

（一）临床症状

潜伏期短，通常为15~18h，有的可延长2~3d，感染后传播迅速，数日内便可蔓延全群。病猪的临床症状、发病持续时间、死亡率因猪的年龄而显现出差异。

仔猪突然发病，呕吐，继而出现水样腹泻，粪便黄色、绿色或白色，常夹有为消化的凝乳块。病猪迅速脱水，体重下降，严重口渴，食欲减退或废绝。患病猪日龄越小，则病程越短，死亡率越高。10日龄以内仔猪出现症状后2~7d内死亡。病愈仔猪生长发育较缓慢。

架子猪、育肥猪和成年猪症状较轻。可出现一段时间内的体重虚弱，一至数日的减食或废绝。个别猪发生呕吐，出现灰色、褐色水样腹泻呈喷射状，5~8d后腹泻停止而康复，极少死亡。母猪可出现体温升高，泌乳减少或停止，呕吐和腹泻，几日后便可恢复。

（二）病理变化

尸体脱水明显，主要病变在胃和小肠。仔猪胃内充满凝乳块，胃底黏膜充血、出血。小肠内充满白色至黄绿色液体，含有泡沫和未消化的小乳块，小肠壁薄而缺乏弹性，以至肠管扩张呈半透明状。肠系膜血管扩张，淋巴结肿胀，淋巴管内见不到乳糜。

小肠黏膜绒毛变短并萎缩，特别是新生仔猪绒毛萎缩最为严重，这表明新生仔猪对TGEV更易感。肠上皮细胞发生变性，出现扁平至长方形的未成熟细胞。空肠细胞出现大量坏死，导致肠道内碱性磷酸酶、乳糖酶的活性降低，扰乱消化和细胞运输营养物质和电解质，常引起急性吸收不良综合征。肾脏浑浊肿胀，出现脂肪变性，并有白色尿酸盐盐积。

（三）实验室诊断

1. 病原学诊断

（1）形态学观察。用 PBS 稀释病猪粪便样品，高速离心，取上清，电镜下观察。病毒表面具有放射状纤突，为"冠状"结构。

（2）TR-PCR。本方法不仅可用于诊断 TGEV，而且能区分 TGEV 和 PRCV。利用跨越 S 基因缺失地方设计引物，并对扩展产物进行测序酶切鉴定。

（3）免疫荧光和免疫组织化学技术。常用于感染早期检测，取病料涂片或取肠管制作冰冻切片，或经福尔马林固定石蜡包埋的组织，进行荧光染色，在荧光显微镜下观察，呈现荧光者为阳性。

2. 血清学诊断

检测 TGEV 抗体有助于诊断和控制本病。猪感染 TGEV 后 7~8d 便可检测出血清中的抗体，且可持续 18 个月。检测 TGE 的血清学方法有免疫荧光抗体试验、ELISA、微量中和试验、间接血球凝集试验等。判断一个猪场是否流行 TGE，建议检测 2~6 月龄猪的血清，因为，该年龄段的猪群缺乏被动免疫抗体，若结果为阳性表明猪场有 TGE 的流行。

猪呼吸性冠状病毒（PRCV）是 TGEV 的变异株，两者所引起的中和反应极其相似，使得 TGEV 的血清学诊断变得复杂。一些抗原位点仅存在于 TGEV 上，而在 PRCV 上未存在，根据这些不同抗原位点用阻断 ELISA 可将 TGEV 和 PRCV 区分。已有学者通过浓缩纯化病毒或 S 基因，将其包被 ELISA 板建立了 ELISA 试验，其敏感性非常高。

四、综合防治

（一）加强管理

为保护健康猪群应从无 EGEV 且检测为血清学阴性的猪场引进猪，在并群前应隔离 2~4 周。国外为防止 EGEV 传入猪群采取的措施有：①猪场在 4~6 个月后再引进一批新猪；②若猪场爆发本病时，可将感染者的肠道组织切碎，并将其饲喂全场猪（包括新引入的猪），可有效缩短病程，且保证全群猪感染在同一水平上；③对产房及哺乳的猪采取严格的全进全出制度；④本病症状消失 2 个月后，且血清学检测为阳性时，才能引进新猪群，并监测 TGEV 血清学变化；⑤对怀孕期血清学检测为阳性母猪，在其怀孕晚期或刚产仔后，可经肌肉注射或乳腺注射 TGEV 弱毒苗以加强免疫，使乳中抗体水平上升。

（二）免疫预防

目前，预防本病的商品疫苗主要有活苗和油剂灭活苗 2 种。在仔猪出生后不久进行口腔接种弱毒苗或腹膜接种灭活苗，可降低仔猪死亡率。但需注意的是，若免疫仔猪体内还有母源抗体存在，经口服免疫弱毒疫苗会影响主动免疫时抗体的产生。对血清检测为阴性的怀孕母猪口服强毒弱毒疫苗能使母猪获得很好的保护免疫，并能在乳汁中产生高滴度 lgA 抗体，仔猪吃奶后获得免疫保护。近几十年，研究者把疫苗研发的重点都集中在构建 TGEV 蛋白亚单位疫苗上。现已成功表达 TGEV 的 S 蛋白、M 蛋白和 N 蛋白等，通过动物接种试验，证明这些蛋白可产生保护性抗体，并有部分的保护力。

（三）治疗

目前，本病尚无特效治疗方法，在减少饥饿、脱水和酸中毒方面减轻症状。可对患病猪补充电解质和营养，供给清洁饮水和易消化饲料，保持室温，注意防寒，可减少仔猪死亡。为防止继发感染可对病猪进行抗细菌治疗，如口服四环素、氯霉素、磺胺类药物等。

第二节　猪流行性腹泻

猪流行性腹泻是由猪流行性腹泻病毒（PED）引起猪的一种急性接触性传染病。病猪主要表现为呕吐、腹泻和脱水。临床症状和病理变化与 TGE 极为相似。

1971 年，首先发生于英国，部分地区的架子猪和育肥猪爆发了以前从未发生过的急性腹泻，而哺乳猪不发病。随后蔓延至其他各国，当时被称为"猪流行性病毒腹泻"（EVD）。1976 年在英国，各年龄段猪（包括哺乳仔猪）又爆发了类似的急性腹泻。从而将 EVD 定为 1 型和 2 型，2 型可引起乳猪的发病，而 1 型对 4～5 周龄猪不发病。1978 年在英国和比利时分离到一株类似冠状病毒的病原 CV777，通过猪致病性试验发现 EVD1 和 EVD2 型均有该病毒感染所致。1982 年，统一命名为猪流行性腹泻。

20 世纪 70～80 年代本病在欧洲广泛流行，给多国的乳猪业造成严重亏损。此后 PED 流行较为少见，多呈散发性。在亚洲，PED 的流行更严重、更复杂，造成巨大经济损失。

一、病原学

猪流行性腹泻病毒（PEDV）属于冠状病毒科杆状病毒属。病毒粒子呈多形性，倾向于圆形，直径约为 95～190nm，外有囊膜，囊膜有花瓣状突起。PEDV 在体外培养比较困难，我国学者将病毒接种猪肠组织上皮细胞和胎猪小肠组织绒毛上皮细胞培养已获成功。早期研究认为，PEDV 没有血凝性，但近期研究发现，经胰酶处理后的病毒能凝集兔的红细胞。目前，还未发现 PEDV 有不同的血清型，各地区分离毒株的毒力也未有明显差异。PEDV 对外界环境和消毒药的抵抗力不强，对乙醚、氯仿比较敏感，一般消毒药可将其杀死。

二、流行病学

在欧洲，从1971—1980年后期PED流行较严重并引起仔猪死亡，但2000年后鲜有报道发病，仅2005年和2006年意大利报道有本病流行。在亚洲，1982年PED最早发生在日本，随后不断发生，至1990年乳猪的死亡率从30%上升到100%。1993年首次发生PED，研究发现，PED占所诊断的肠道病毒感染疾病的50%。近期对韩国的48个农场进行血清调查，发现阳性率高达73%。在我国，近几年猪场频繁发生PED，给养殖业带来巨大损失。

本病仅发生于猪，各年龄猪均能感染发病。哺乳仔猪、断奶仔猪和育肥猪的发病率很高，尤以新生仔猪受害最为严重，致死率可达100%。母猪发病率较大，约为15%~90%。本病毒主要存在于肠绒毛上皮和肠系膜淋巴，可随粪便排出，污染周边环境、饲料、水源、交通工具和用具。直接或间接的粪-口传播是PDEV主要的传播途径。

通常PED在某地区或某养殖场流行几年后，疫情逐渐趋缓和，随着猪群抗体水平下降，病毒可不断感染失去母源抗体的断奶仔猪或母源抗体较低的新生仔猪，造成PED再度暴发，使本病呈地方流行性。PED常发生在寒冷的冬季和春季，以12月至翌年1月发生最多。

三、诊断

（一）临床症状

由于PEDV在小肠中复制和感染过程较慢，故其潜伏期较长，一般为5~8d。病猪临床症状的轻重随年龄的大小而有差异，年龄越小，症状越重。本病最主要的临床症状为水样腹泻，吃食或吃奶后出现呕吐。

1周龄内新生仔猪常持续腹泻3~4d，后因严重脱水而死亡，病死率为50%，严重时可达100%。育肥猪在同圈饲养感染后1周内发生腹泻，随后逐渐恢复正常。母猪、断奶猪精神委顿、厌食、腹泻。成年猪症状较轻，有的仅出现呕吐，严重者水样腹泻2~3d后便自行康复。

（二）病理变化

眼观变化主要局限于小肠。小肠扩张，肠腔内充满黄色液体并膨胀，肠壁变薄，肠系膜充血，肠系膜淋巴结水肿。胃内空虚，有的充满胆汁黄染的液体。组织学变化，可见小肠上皮空泡形成和脱落，主要发生于绒毛上部。肠绒毛显著萎缩，常萎缩至原来的2/3，肠道内酶活性显著下降。绒毛长度与肠腺隐窝深度的比值从正常的7：1下降到3：1。

（三）实验室诊断

PED在临床症状和病理变化方面与猪传染性胃肠炎无显著差别，只是病死率比猪传染性胃肠炎稍低，且在猪群中的传播速度也较慢，需依靠实验室检测进一步确诊。

1. 病原学诊断

在病猪开始腹泻后收集粪便，直接电子显微镜可以观察到PEDV粒子。若病毒的纤突丧失或不清晰，不建议使用直接镜检。也可用 RT-PCR 检测粪便和小肠样品。

2. 直接免疫荧光检查

取病猪小肠作冰冻切片或肠黏膜抹片，风干后丙酮固定，加荧光抗体染色，在荧光显微镜下检查。在出现腹泻后 6h，在空肠和回肠 90% ~ 100% 、十二指肠 70% ~ 80% 出现荧光细胞。

3. ELISA 检测

目前，已建立了许多 ELISA 方法，有包被全病毒或从 Vero 细胞中分离的 S 或 N 病毒蛋白，检测 PEDV。在感染后的 7d，可以阻断 ELISA 检测到抗体。

四、综合防治

做好检疫、消毒措施，特别是严防病毒进入分娩舍侵害新生仔猪。若连续数窝的断奶仔猪都出现病毒，可将仔猪断奶后立即移至别处饲养 4 周。有学者建议，将妊娠母猪暴露在病毒污染的粪便和肠内容物下，能激发母猪乳汁产生较高免疫力，从而缩短本病的流行时间。

在欧洲，PED 极少发生，因而未研发本病疫苗。然而，PED 在亚洲暴发非常严重，多国都在研制疫苗。在韩国研究发现 KPEDV-9 毒株在 Vero 细胞上传 93 代后，对新生仔猪的致病率降低，在母猪分娩前 2 ~ 4 周口服能诱导产生母源抗体。目前，我国主要使用 2 种疫苗：PEDV 甲醛氢氧化铝灭活疫苗，保护率达 85%；TGE H 和 CV777 弱毒株组成的二价活疫苗。

第三节　猪大肠杆菌

大肠杆菌病是指由致病性大肠杆菌引起多种动物不同疾病或病型的统称，包括动物的局部性或全身性大肠杆菌感染、大肠杆菌性腹泻、败血症和毒血症等。

1885 年，德国儿科医生 Theodo Escherich 发现了大肠杆菌。在相当长的一段时间内，大肠杆菌被认为是动物后段肠道的正常常在菌，是非致病菌。直到 20 世纪中叶，人们才认识到一些特殊型的大肠杆菌具有致病性，尤其导致幼儿和幼畜（禽）发生严重腹泻和败血症。成年动物除偶尔发生乳房炎或子宫内膜炎等局灶性感染外，一般对本菌有抵抗力，但可长期带毒，成为危险的传染源。随着集约化养殖业的发展，致病性大肠杆菌对养殖业造成的损失日益严重。根据猪感染致病性大肠杆菌的发病年龄和临床表现的差异，可分为仔猪黄痢、仔猪白痢和猪水肿病。

一、病原

大肠杆菌属于肠杆菌科，需氧或兼性厌氧的革兰阴性菌，能运动，有鞭毛，无芽孢。在普通琼脂上生长常形成凸起、光滑、湿润的乳白色菌落；在麦康凯琼脂上形成红色菌落；在伊红美兰琼脂平板上形成具有金色光泽、湿润发亮的菌落。

大肠杆菌的抗原构造由菌体（O）、鞭毛（H）、荚膜（K）和菌毛（F）组成。目前已分离的有 175 个 O 抗原，80 个 K 抗原，20 多个 F 抗原，他们之间的相互组合可形成许多血清型。大肠杆菌按其致病性可分为：肠产毒素性大肠杆菌（ETEC）、肠致病性大肠杆菌（EPEC）、肠侵袭性大肠杆菌（EIEC）、肠道出血性大肠杆菌（EHEC）和尿道致病性大肠杆菌（VPEC）。对猪具有致病性的主要是前3种。

ETEC是猪最重要的致病性菌株，能产生两类产毒素：热稳定毒素（ST）和热敏感毒素（LT）。ETEC通过菌毛黏附素附着于小肠黏膜上皮细胞或结膜层上，从而释放足够的肠毒素，继而使小肠中水分和电解质的量发生改变，若大肠不能将来自小肠的过多水分吸收，则会导致腹泻，使病猪出现脱水、代谢性酸中毒，最终死亡。EPEC并不是靠菌毛黏附的，而是靠他们所特有的复杂的分泌系统将效应蛋白注入宿主细胞，使细菌紧密依附到宿主肠上皮，形成"黏附性和损伤性"特征。而EIEC能直接侵入并破坏肠黏膜细胞的能力。

二、流行病学

致病性大肠杆菌的许多血清型可引起猪发病，其中最常见的有 O_8、O_{45}、O_{138}、O_{139}、O_{141}、O_{147}、O_{149} 等血清型，不同地区的优势血清存在差异。猪自出生至断奶均可发病，仔猪黄痢常发生于1周龄内仔猪，其中，以1~3日龄最常见，同窝仔猪发病率90%以上，死亡率很高。仔猪白痢发生于10~30日龄仔猪，发病率约为50%，而死亡率低。猪水肿病主要见于断奶不久的仔猪，肥胖的猪易发病，发病率较低，一般在10%~30%以下，但病死率可高达90%。

病猪和带菌猪是主要传染源，他们通过粪便排出病菌，污染水源、饲料及周边环境。仔猪吸乳、饮食时可经消化道感染。本病还可通气溶胶进行传播，试验证实，距离1.5m的猪之间可经空气传播感染本病。

本病一年四季均可发生，但寒冷的冬季及炎热、潮湿的夏季最常见。仔猪未及时吸吮初乳，饥饿或过饱，饲养密度过大，通风不良，气候骤变，营养不良的因素易诱发本病。

三、诊断

（一）临床症状

1. 仔猪黄痢

潜伏期短，出生后12h以内即可发病，长的也仅1~3d。一窝仔猪出生时体况正常，突然一头仔猪出现全身衰弱，迅速死亡。1~3d内其他仔猪相继腹泻，排出腥臭的黄色或灰黄色稀粪，混有乳凝状小片或小气泡，肛门失禁。捕捉时，仔猪挣扎、鸣叫，常从肛门流出稀薄的粪水。病猪吃奶停止，口渴，很快消瘦，由于严重脱水和电解质的丧失，昏迷死亡。

2. 仔猪白痢

10~30日龄哺乳仔猪易发生，仔猪精神委顿，不愿走动，吮乳减少，发生腹泻，排出乳白色或灰白色的浆状、糊状粪便，具有腥臭味，性黏腻。随着病程的加重，腹泻次数增加，拱背，皮毛粗糙不结，行动缓慢，迅速消瘦。病程2~3d，长的一周左右，绝大部分猪可康复。若管理不当，症状会很快加剧，最后脱水死亡。

3. 猪水肿病

主要发生于断乳仔猪，体况健壮、生长快的仔猪最为常见。病猪突然发病，精神沉郁，食欲下降或废绝，口流白沫。体温无明显变化，心跳加快，呼吸浅表，粪便干燥。水肿是本病的特殊症状，常见眼睑、脸部、结膜水肿，有时波及颈部、腹部皮下。病猪出现神经症状，如盲目行走，碰壁而止；有时转圈，触摸敏感，发出呻鸣；走路摇晃，共济失调，一碰即倒，倒地后肌肉震颤、抽搐，四肢做游泳状划动。多数猪在出现神经症状几小时或几天内死亡。

（二）病理变化

1. 仔猪黄痢

尸体呈严重脱水状态，干而消瘦，被毛粗乱，体表污染黄色稀粪。颈部、腹部皮下常有水肿，皮肤、黏膜和肌肉苍白。胃膨胀，胃内充满大量黄色液状内容物和气体，有酸臭味，胃壁水肿，胃底呈暗红色。小肠各段有不同程度的充血和水肿，尤以十二指肠最为严重，空肠和回肠次之，结肠较轻微。肠壁变薄，呈半透明状，肠系淋巴结有弥漫性小点出血。肝、肾有凝固性小坏死灶。心扩张，心肌松弛。肺显著水肿，切面流出泡沫状液体。

2. 仔猪白痢

剖检尸体外表苍白消瘦，肛门和尾部附有腥臭的粪便。胃内含有凝乳并充满气体。肠黏膜充血、出血，肠内有大量黏性液体和气体或稀薄的食糜，肠系膜淋巴结稍有水肿，有的肠壁薄而透明。

3. 猪水肿病

剖检病变主要为水肿。胃壁水肿，特别是胃大弯部黏膜下组织高度水肿。面部、额部、眼睑及下颌部可见皮下呈灰白色凉粉样水肿。肠系膜及其淋巴结水肿，切开时呈胶冻样，并有液体流出。大脑可见水肿病变。

（三）实验室诊断

1. 细菌学检查

取病猪的小肠前段，用无菌盐水轻轻冲洗后刮取黏膜或用无菌棉签肛拭子采取粪标本，接种麦康凯培养基后，37℃培养 18～24h，挑取红色菌落做进一步培养和生化试验。为了鉴定大肠杆菌种类，需检测菌落转化吲哚的能力。

2. 测定肠毒素法

通过对毒素生物学特性的检测可以发现产生的肠毒素及细胞毒素。最常用的有猪小肠结扎试验、兔皮肤蓝斑试验或乳鼠胃内接种试验。有或无粒子的玻片凝集法，是一种测定大肠杆菌菌毛黏附素的简单易行的方法。

3. 其他诊断方法

可用分子克隆、DNA 杂交、PCR 技术检测大肠杆菌毒素和黏附素等毒力因子编码基因，从而确诊疾病。也可用 ELISA 法确定黏附素的存在。

四、综合防治

（一）预防措施

控制本病重在预防。主要通过良好的卫生管理，保持适宜的环境条件，出生时提供足够量的初乳和高水平的免疫力等。保持仔猪足够的环境温度，建议 30～34℃恒温。因为，温度过低会使肠蠕动降低。免疫力下降，易发生本病。产房要彻底清洁，避免猪群中窝间感染。妊娠母猪应实施全进全出制度。产房设计也很重要，若猪圈过长，则大部分地板都排满粪便，增加了污染面积。应尽量给仔猪提供较短猪圈，并采用升高、漏缝地板，让粪便掉下，避免污染仔猪。此外，尽量减少仔猪应激反应，如仔猪混群、运输、寒冷等。

母源性免疫是控制新生仔猪腹泻的有效的办法之一。早期疫苗是在母猪产仔前一个月左右，将感染猪肠内容物处理后饲喂妊娠母猪。该方法可使哺乳期仔猪获得很高的母源抗体，现在部分国家仍在使用这种办法，例如，美国。目前，市场上的商品疫苗多为灭活苗。

（二）治疗措施

本病主要使用抗生素和电解质进行治疗。口服含有葡萄糖的电解质溶液对脱水和酸中毒很有效，若仔猪没有饮欲，可通过腹腔注射进行补液。补液的量应和损失的量相等。近年来，大量试验已证实，体外大肠杆菌对许多抗菌剂的抵抗力已大大增强。由于细菌对广谱抗生素产生耐药性，因此，抗生素的治疗效果具有不确定性。要筛选出有效的药物，药敏试验是必不可少的。此外，抗生素应选择能到达小肠腔的药物，如阿莫西林、氟喹诺酮、头孢菌素、阿伯拉霉素、新霉素等。

第四节　猪痢疾

猪痢疾（SD）俗称猪血痢，是由致病性猪痢疾螺旋体引起猪的一种严重的肠道传染病。其特征为大肠黏膜发生卡他性出血或纤维素性坏死性炎症，临床表现黏液性或出血性下痢。

1921 年，Whiting 首次报道本病，直至 1971 年才发现螺旋体是本病的病原。我国于1978 年从美国进口种猪发现本病，现已普及我国大部分养猪地区。该病一旦侵入猪场，很难将其彻底根除。并且本病可造成猪只死亡，生长缓慢、饲料转化率下降、治疗费用上升，给养猪业带来巨大的经济损失。

一、病原

本病病原为猪痢疾短螺旋体，菌体长 6～8.5μm，宽 0.32～0.38μm，有 4～6 个弯曲，菌体两端尖锐有 7～14 条外周质鞭毛。革兰阴性，苯胺燃料或姬姆萨染液着色良好，组织切片以镀银染色更好。猪痢疾短螺旋体为严格的厌氧菌。

多位点酶电泳（MLEE）对猪痢疾短螺旋体菌群进行分析，表明本菌呈多样性，存有大量遗传基因不同的菌株。对猪痢疾短螺旋体分离株进行分子水平分析，结果显示其可在猪场中出现新的变种。猪痢疾短螺旋体含有许多与运动和趋化相关的基因，且表现为黏蛋白靶向趋化性和趋黏性，使得猪痢疾短螺旋体能够黏附在肠道黏膜上。本菌的NADH氧化酶活性能保护其自身免受氧中毒，从而提高其在肠黏膜的定植能力。

猪痢疾短螺旋体对外界的抵抗力较强，在用水稀释的粪便中5℃可存活61d，25℃可存活7d，37℃则存活不到24h。在10℃的土壤中可存活10d，在混有10%猪粪的泥土可存活78d，在4℃的土壤可存活102d。对消毒剂抵抗力不强，普通浓度的过氧乙酸、次氯酸钠、来苏尔和氢氧化钠等均可将其杀死。本菌对高温、氧、干燥敏感，若对痢疾粪便进行干燥可迅速杀死猪痢疾短螺旋体。

二、流行病学

本病呈全球性分布，但不同国家和地区的发病率存在明显差异。在欧洲、南美、东南亚等多国，本病是相对普通且重要的地区性难题，而美国在近20年采取了有效的防疫措施，猪痢疾的发病率明显下降。

猪痢疾短螺旋体自然感染猪，不同年龄、品种的猪均有易感性，但以7~12周龄的幼猪发病较多，小猪的发病率和死亡率高于大猪。偶见报道猪痢疾短螺旋体感染某些鸟类，包括美洲鸵鸟、鸡、鸭等。

病猪和带菌猪是主要传染源，康复猪的带菌率很高，可达数月之久。他们经粪便排出大量病菌，污染周围环境、饲料、水源、用具及交通工具。本菌主要经消化道感染，健康猪吃下污染的饲料、水源而感染。若饲养员不更换衣服和鞋靴可将污染的粪便从一个猪舍传播到另一个猪舍。养殖场内其他动物或野生动物也能成为潜在宿主，并造成传播。有报道发现，狗经感染后13d，燕八哥感染后8h，均可从粪便中排出本菌。运输、拥挤、寒冷、过热、潮湿、营养不良或环境卫生不良等诱因，都是本病发生的诱因。本病无明显的季节性，流行过程缓慢，持续时间长，且复发发病。常由一栋猪舍先发病几头，随后逐渐蔓延开来。在较大猪群时，可拖延数月，直至出售时仍有猪发病。

三、诊断

（一）临床症状

猪痢疾的潜伏期从2d到3个月不等，通常在感染后10~14d发病。本病时逐渐传播的，每天都会有新的猪只感染。

1. 最急性型

往往见不到明显症状便突然死亡，病程仅为数小时，该病例不常见。

2. 急性型

病猪最初表现为精神萎靡、厌食、体温升高至40~40.5℃，粪便变软，表面附有条状黏液。随后迅速下痢，拉黄色或灰色的稀软粪便。感染数小时到数天后，排出的粪便含有大量黏液和血斑并带有血块。随着病程发展，病猪排出混用黏液、血液及白色黏膜纤维素性渗出物的水样粪便。病猪由于持续性腹泻导致脱水、消瘦、弓背、吊腹。大部分猪在几周内康复，少数猪因极度虚弱而死亡。

3. 亚急性或慢性型

症状相当较轻，病猪反复下痢，排出黏液及坏死组织的稀粪，混有黑色血液。进行性消瘦，贫血，生长迟滞。大部分病猪能自然康复，少部分病猪由于生长发育受阻，成为僵猪。

（二）病理变化

猪痢疾病变局限于大肠和回盲结合处。大肠淋巴结肿大。大肠黏膜肿胀，典型皱褶消失，并被黏液和纤维蛋白覆盖且混用血斑。肠内容物质软呈水样，并混有黏液、血液和组织碎片。随着病程发展，肠黏膜常被薄而密集的纤维蛋白渗出物覆盖。组织学病变可见黏膜和黏膜下层增厚，上皮层和固有层分离，肠黏膜表层细胞坏死或脱落，腺窝底部上皮细胞变长并着色加深，在肠腔和腺窝内可见大量螺旋体。

（三）实验室诊断

1. 直接镜检法

用棉拭子取急性死亡病猪的结肠黏膜或粪便制成涂片，染色镜检，若观察到蛇形螺旋体，可做定性诊断依据。建议将 5 头病猪的拭子样品混合后进行检测，以提高检出率。

2. 分离鉴定

分离鉴定是诊断本病较为可靠的方法。用拭子取大肠黏液或粪便，加入适量 PBS，直接画线加有壮观霉素、多黏霉素和万古霉素的选择培养基上，厌氧培养 4~6d。若样品处理或保存不当会使培养出现假阴性，因此，应避免高温、干燥、紫外照射等不利于细菌生长的因素。

3. PCR 检测

目前，采用 PCR 扩增特异性序列已广泛用于本病的检测和鉴定。常用的目的片段有 16srRNA 基因、23srRNA 基因、tlyA 基因。

4. 血清学诊断

已有报道几种血清学试验用于检测本病，如凝集试验、免疫荧光试验、间接血凝试验、ELISA 试验等方法，但这些都尚未制成商品化试剂盒。

四、综合防治

（一）预防措施

严禁从疫区引进种猪，坚持自繁自养，对新购买的猪至少隔离检疫 2 个月。平时应加强饲养管理和清洁卫生，定期对猪舍及周边环境消毒，并实行全进全出管理制度，降低感染风险。做好防鼠灭鼠工作，严防鸟类及其他野生动物进入猪舍。发病猪场最好全群淘汰，彻底清扫和消毒，空舍 2~3 个月，再引进健康猪。目前，国内外尚无研制成功预防本病的有效疫苗，常使用自家苗和多价苗。此外，螺旋体生长要求苛刻，难以大批量生产且成本昂贵。基因工程疫苗是现在疫苗研发的主要方向。已有学者将螺旋体的外膜磷脂蛋白 Bhlp29.7 免疫动物后，进行攻毒试验，可降低 50% 的发病率。

（二）治疗措施

药物治疗有一定的疗效，但容易复发。通常情况下，首先治疗方法是饮水给药 5~

7d，但对患病严重动物建议肌肉注射抗生素3d。治疗本病常用的药物有沃尼妙林、泰乐霉素、林可霉素、杆菌肽、截短侧耳素、土霉素碱、新霉素、庆大霉素、迪美唑、罗硝唑等。但目前有关对截短侧耳素、泰乐霉素、林可霉素等药物出现耐药性的短螺旋体报道日益增多。建议使用药物前，测定药物的最小抑菌浓度。

第五节　猪梭菌性肠炎

猪梭菌性肠炎（CEP）又称仔猪红痢，是由 C 型产气荚膜梭菌引起的 1 周龄仔猪高度致死性的肠毒血症。本病以血性下痢，小肠出现广泛性坏死和气肿，病程短，病死率高为特征。

1955 年 Field 和 Gibson 在英国首次报道猪梭菌性肠炎，随后美国、丹麦、匈牙利等国陆续报道发生本病，C 型产气荚膜梭菌的感染呈世界性分布。1964 年，我国首次从患病仔猪体内分离出产气荚膜梭菌。

一、病原

本病病原为 C 型产气荚膜梭菌，亦称魏氏荚膜梭菌，革兰阴性菌，无鞭毛，菌体两端钝圆的厌氧大肠杆菌。在动物体内和含血清的培养基中能形成荚膜，在外界环境中易形成芽孢。本菌可产生致死毒素，主要是 α 和 β 毒素，能引起仔猪肠毒血症和坏死性肠炎。C 型产气荚膜梭菌的繁殖体对外界的抵抗力不强，一般消毒药均可将其杀死，但形成芽孢后的菌体对热、干燥、消毒药的抵抗力明显增强。

二、流行病学

本病主要侵害新生仔猪，尤以 1~3 日龄的仔猪多见，1 周龄以上仔猪很少发病。同猪群的一窝仔猪发病率存在差异，最高可达 100%，病死率为 20%~70%。C 型产气荚膜梭菌可正常存在于母猪肠道，是母猪肠道菌群的一个较小的组成部分。细菌通过母猪排出的粪便散布于猪舍环境中，污染母猪的乳头和垫料，当仔猪吮吸母猪乳头或吞下污染物，细菌进入仔猪体内。仔猪在 C 型产气荚膜梭菌的传播中充当了病菌的富集器，体内较少的 C 型产气荚膜梭菌也能迅速超越其他细菌而大量增殖，产生毒素，导致动物发病。本菌在自然界分布广泛，存在于人畜肠道、土壤、下水道和尘埃中，一旦侵入猪场后，不易清除，可顽固的在猪场内扎根。

三、诊断

（一）临床症状

1. 最急性型

常发生在新疫区。仔猪出生后，1d 内就可发病。患病仔猪虚弱，不愿走动，突然排出血痢，会阴部被粪便污染，很快转为濒死状态。多数病例在出生后 12~36h 死亡，少数病例未见明显肠炎症状便死亡。

2. 急性型

病猪排出含有灰色组织碎片的红褐色血性稀粪。病猪变得虚弱，日渐消瘦，会阴部黏附有红色粪便。患病仔猪出现症状后一般仅能存活 1～2d。

3. 亚急性型

仔猪一般排出血性腹泻，初期粪便为黄色，然后转变为含有坏死碎片的清亮液体。病猪脱水并极度消瘦，出现渐进性衰弱，一般 5～7d。

4. 慢性型

病猪出现一周以上的间歇性或持续性腹泻，粪便呈灰白色的黏性液体，病猪逐渐消瘦，生长停止，在数周后出现死亡。

（二）病理变化

主要病变在小肠，尤其是空肠。肠腔充满含血的液体和气泡。肠系淋巴结肿大、出血。肠黏膜弥漫出血，病程稍长者出现坏死性假膜，易剥离。脾边缘有小点出血，肾呈灰白色。显微镜检查可见空肠绒毛及其表面布满革兰阴性细菌菌膜，肠绒毛大面积坏死。隐窝上皮细胞坏死，黏膜下的血管发生出血、坏死。

（三）实验室诊断

取患病仔猪内容物加等量灭菌生理盐水，3 000r/min 离心 30～60min，取上清经细菌滤器过滤，将 0.2～0.5ml 滤液静脉注射一组小鼠，同时，取滤液与 C 型产气荚膜梭菌抗生素血清混合作用 40min 后注射另一组小鼠。若单注射滤液小鼠死亡，而另一组未出现死亡，即可确诊。此外，还可通过肠内容物涂片镜检、肠内容物毒素检查、细菌分离鉴定、PCR 等方法进行检测。

四、综合防治

加强饲养管理，搞好猪舍及周围环境的卫生，认真做好消毒工作。接生前母猪的乳头要进行清洗、消毒。给怀孕母猪注射菌苗，能使仔猪出生后经初乳获得免疫。目前，商品疫苗主要有 C 型魏氏梭菌氢氧化铝菌苗、仔猪红痢干粉菌苗、类毒素疫苗等。

由于本病发展迅速、病程较短，在动物发病后用药物治疗，往往效果不佳。在未免疫猪群爆发本病时，建议用马抗毒素血清进行被动免疫，效果较好，一般能提供 3 周以上的保护。C 型产气荚膜梭菌对青霉素、头孢噻呋等敏感，可用于治疗本病。

第六章　猪的呼吸系统疾病

第一节　猪流感

猪流感（Swine influenza, SI）是由 A 型猪流感病毒引起的猪的一种急性、高接触性传染性疾病。以突然发病、咳嗽、流鼻液、呼吸困难、衰竭及迅速康复为特点。

1918 年，首次报道了猪流感在美国造成大流行，此后，本病很快蔓延到世界各国，已成为猪群主要的呼吸道疾病之一。1976 年，Bernard Easterday 首次证明猪流感病毒感染了猪场养殖人员。近年来，大量研究表明，人源、禽源或猪源流感病毒在猪体内发生基因重组。从而人为猪在流感病毒基因重组或适应中是重要的中间宿主，导致流感病毒往具有人类流行潜力的方向发展。现已证实，2009 年发生的 pH1N1 流感病毒是源于北美谱系和欧亚谱系进化分支的猪流感病毒之间"洲际"重组的结果。

一、病原

流感病毒（SIV）属于正黏病毒科，具有多种形态，呈球状、丝状或不规则形状，有囊膜，核衣壳呈螺旋对称，直径在 $80 \sim 120nm$。流感病毒根据共同核心蛋白、基质蛋白和核蛋白特性，可分为 A、B、C3 个血清型，而只有 A 型流感病毒作为猪流感的病原具有临床意义。

病毒表面覆盖有纤突，纤突由血凝素（HA 或 H）和神经氨酸酶（NA 或 N）两种糖蛋白构成。血凝素可使病毒粒子吸附到红细胞上并引起红细胞凝集，并可介导病毒与宿主细胞唾液酸受体的连接，同时，也是诱导中和抗体的主要靶分子。神经氨酸酶能水解细胞表面受体特异性糖蛋白末端的 N - 乙酰基神经氨酸，当病毒在细胞表面成熟时，可移去细胞膜出芽点上的神经氨酸酶。并且神经氨酸酶通过破坏唾液酸及相邻糖残基的连接键使病毒从被感染的细胞上释放出来。病毒表面抗原 H 和 N 易发生变异，已知 H 有 16 个亚类（H1 ~ H16），N 有 9 个亚类（N1 ~ N9），他们之间的不同组合，使得 A 型流感病毒有许多亚型，而各亚型之间无交叉免疫。猪患流感以 H1N1 和 H3N2 亚型最为常见。

流感病毒以 8 个不连续的 RNA 片段编码 10 或 11 个病毒蛋白。流感病毒基因组的这种分段特性，可使感染同一宿主的两个病毒在复制时可交换 RNA 片段，发生基因"重组"。猪对禽源和人源的流感病毒都具有易感性，被认为是基因重组的"混合容器"宿主。

SIV 仅在猪的上呼吸道和下呼吸道的上皮细胞中复制，且只通过呼吸道途径排出并传播。病毒常从呼吸道器官中分离出来，如扁桃体、呼吸道淋巴结、鼻腔、口咽等，脑是唯一的除呼吸道之外能偶尔分离出少量病毒的组织。SIV 在 9～12 日龄的鸡胚中生长良好，也可用尿素或羊膜腔途径接种。该病毒对多种细胞的感受性很高，如牛肾细胞、猴肾细胞、狗肾细胞、胎猪肺细胞、鸡胚成纤维细胞、人二倍体细胞等。病毒不使细胞产生明显病变，但能形成蚀斑。

SIV 对干燥和低温的抵抗力较强，但对高温的耐受力差。在 −70℃ 稳定，冻干可保存数年。粪便中的病毒在 4℃ 下可存活 30～35d，20℃ 存活 7d。在冷冻的鸡肉个骨髓中可存活 10 个月。加热 60℃ 30min 或 70℃ 10min 便可将病毒杀灭。直射的阳光下 40～48h 便可灭活病毒。一般消毒剂对病毒均有作用，氢氧化钠、消毒灵、百毒灭、漂白粉、福尔马林、过氧乙酸等多种消毒剂，在常用浓度下可有效消灭 SIV。

二、流行病学

猪流感病毒在全球各地的猪群中广泛存在，但在地区所流行的病毒亚型有较大差异。在北美，20 世纪 80 年代经典 H1N1 流感病毒的抗原性和基因型具有高度保守性，成为当时主要病原，但从 90 年代陆续分离出变异株。随着 1998 年分离到两种重组的 H3N2 病毒基因型，北美猪流感发生了明显变化：猪群中广泛分布包含人流感病毒谱系基因（*HA*、*NA* 及 *PB*1）、经典猪流感病毒谱系基因（*M*、*NP* 及 *NS*）和北美禽源病毒谱系基因（*PA*、*PB*2）的三重重组体（tr）H3N2 病毒。随后又陆续出现了重组的 trH1N2、trH1N1、trH2N3、trH3N1 病毒。通常 H1 和 N1 基因来自经典猪流感 H1N1，其余基因则来自经典的猪源、人源或禽源 tr 基因型。这些来自猪源、人源和禽源基因的三重混合被称为 "TRIG" 基因盒。

在欧洲，自 1979 年从野鸭传到猪后，占主导地位的 H1N1 型猪流感病毒具有完整的禽源基因组。这些类禽源的 H1N1 病毒建立了稳定的谱系，在欧洲大陆猪群中呈地方流行性。欧洲的 H3N2 猪流感病毒起源于 1968 年的香港人流感病毒，通过与类禽源的 H1N1 病毒重组，使得 H3N2 病毒带有人源 HA、NA 糖蛋白及禽源内部蛋白。从 20 世纪 90 年代中期，猪体内开始分离出 H1N2 病毒，该病毒保留了重组体 H3N2 病毒的基因，也有人类谱系的 H1 基因。

在亚洲，猪流感流行病学最为复杂。20 世纪 70 年代后 H3N2 病毒反复从人类向猪传播。各种 H3N2 重组病毒遍及亚洲，有部分与欧洲和北美洲谱系的病毒相似，有部分病毒是具有亚洲独特性。而人 H1N1 病毒在亚洲猪体内分布并不是很广泛，目前，仅在中国有报道发生。近十年中，在亚洲多次报道 H5N1、H5N2 和 H9N2 型禽流感病毒越过种间障碍传播到猪。在 2009 年出现了世界范围内人类 pH1N1 流感病毒的发生，此次的流行 被称为 "猪流感"。随后在多个地区未表现明显临床症状的猪体内分离到 pH1N1 病毒。

不同品种、年龄、性别的猪对 SIV 都有易感性，此外，人类、家养火鸡、水禽也可感染本病。病猪和带毒猪是主要的传染源。康复猪可向外界排毒 6～8 周，病猪鼻腔中病毒含量较高，传染性强。本病主要经呼吸道感染，以空气飞沫传播为主。病毒在呼吸道黏膜内增殖，当病猪打喷嚏、咳嗽时病毒经呼吸道分泌物排出，易感动物吸入后即可感染。猪也可因吃下含病毒的肺丝虫的幼虫而感染。

猪流感多发生于气候骤变的晚秋、早春以及寒冷的冬季。阴雨、潮湿、寒冷、运输、拥挤、密集饲养以及营养不良等应激因素，可促使本病发生和流行。本病发病率可高达100%，而死亡率则很低，通常小于1%。若本病继发感染或并发感染其他疾病，则可使死亡率升高。

三、诊断

（一）临床症状

本病潜伏期很短，从几小时到数天，通常自然发病时平均为4d，人工感染为24 ~ 48h。突然发病，从第一头病猪出现症状后的24h内，同一猪场中大部分猪被感染。病猪体温升高至40.3 ~ 41.5℃，有时可达42℃。食欲下降，甚至完全废食，精神委顿，反应迟钝。由于肌肉和关节疼痛，病猪常卧地不起、钻草、打堆，捕捉时发出惨叫声。呼吸急促，呈腹式呼吸，发出轰鸣声，夹杂阵发性痉挛性咳嗽。眼和鼻流出浆液性或黏液性分泌物，有时鼻分泌物带有血色，体重减轻，粪便干燥。病程较短，若无继发感染或并发症，在6 ~ 7d内大部分病猪可自行康复。如有继发感染，则病势加重，可发生纤维素性出血性肺炎或肠炎而死亡。个别病例可转变为慢性，出现持续咳嗽，消化不良，瘦弱，可拖延一个月以上，也可引起死亡。有的妊娠母猪可出现流产，或产死胎、弱胎，仔猪在哺乳期或断奶前后死亡，存活者转为慢性病，但生长率低下。

（二）病理变化

猪流感主要病变在呼吸器官。病猪的鼻、喉、气管、大支气管黏膜充血、出血，表面有大量泡沫状黏液。小支气管内充满渗出液。肺部病变主要发生于尖叶和心叶，呈不规则对称。感染的肺病变区和正常区界限分明，病变部坚硬呈紫红色似鲜牛肉状，切面有白色或棕红色泡沫样液体渗出。小叶间出现明显水肿，气道充满血色、纤维素性渗出物。支气管淋巴结和纵膈淋巴结充血、水肿、肿胀。脾常轻度肿大，胃肠有卡他性炎症。

在显微镜下，可见鼻腔、气管、支气管黏膜上皮层细胞脱落，纤毛消失，变性坏死。气道充满坏死的上皮细胞和中性粒细胞为主的炎性细胞浸润。肺脏上皮细胞变性、坏死。肺门淋巴结、下颌淋巴结、肩前淋巴结周边水肿，可见嗜中性粒细胞浸润。

（三）实验室诊断

1. 病毒的分离鉴定

通过鼻腔拭子或仔猪的口咽拭子获得黏液样本，加双抗，接种于9 ~ 11日龄鸡胚或其他细胞上，33 ~ 37℃培养3 ~ 5d。取羊水或细胞培养物做凝集试验。

2. 血凝与血凝抑制试验

待检血清样品需经"胰酶 – 加热 – 高碘酸盐方法"处理，以去除血清中非特异性凝集抑制因子。以完全抑制4单位抗原的血清最高稀释倍数作为HI效价。具体操作步骤参照《GB/T 27535—2011 猪流感HI抗体检测方法》。

3. RT-PCR

本方法具有高度的敏感性和特异性，可分为两类。第一类是对任何A型流感病毒的检测通用，但不能检测病毒亚型，常用于临床样本的初次筛选；第二类是用于检测病毒亚型，能区分同一亚型中的不同毒株。

四、综合防治

免疫接种是预防猪流感比较重要的防疫方法。目前，商品化的 SIV 疫苗主要是经肌肉注射的含油佐剂的全病毒灭活苗。由于各地区流行株的差异并且不断有新的 SIV 亚型出现，因此各地区没有统一的标准疫苗株。在欧洲，SIV 商品疫苗主要为过去流行的 H1N1 和 H3N2 亚型毒株，此外，还有一种三价疫苗（含 H1N2、H1N1 和 H3N2 毒株）。在美国，商品疫苗多达 7 种，其中，包括单一 H1N1 毒株和单一 H3N2 毒株的单剂苗及代表多个 H1 和 H3 分支的五价苗。这些疫苗包括了目前流行的新毒株，与欧洲疫苗相比更贴近生产实际需求，这与美国对疫苗采取灵活的批准程序有关。此外，在美国还广泛使用"自家苗"，但这些疫苗必须是专用疫苗，准许在单一猪养殖内使用。在我国，主要的商品疫苗主要为 H1N1 和 H3N2 灭活疫苗，保护效果一般。

大量试验数据表明，在 SIV 疫苗中添加游佐剂更能提高疫苗保护力。建议初次免疫注射两次，应间隔 2~4 周，母猪每年需加强免疫 2 次。研究发现，在产前对母猪进行常规加强免疫可使仔猪获得长时间的母源抗体，从而保护哺乳期仔猪。但需要注意的是，虽然接种免疫能降低组织中病毒滴度，减少临床症状，但却不能完全阻止病毒在宿主体内传播。

A 型流感病毒在自然界中亚型很多，且经常发生变异，各亚型之间缺乏的交叉免疫，仅依靠少数几个亚型的疫苗是很难有效防制本病。所以，严格执行卫生防疫是预防本病的有效措施。保持猪舍清洁、干燥，注重防寒、保暖，定期驱虫，搞好卫生和定期消毒，坚持自繁自养，特别是寒冷和多雨和气候骤变季节，应注意猪群的饲养管理，尽量减少发病的各种应激。

目前，本病尚无特效的治疗药物。一般用解热镇痛等对症疗法以减轻症状，使用抗生素或磺胺类药物控制继发感染。

第二节 猪气喘病

猪气喘病（Mycoplasmal pneumonia of swine）是由猪肺炎支原体引起的一种接触性、慢性、消耗性呼吸道传染病，又称地方流行性肺炎，俗称猪气喘病。主要症状为呼吸困难、咳嗽、气喘，病变特征是肺的尖叶、心叶、中间叶和隔叶前缘呈肉样或虾肉样实变。

早期人们对本病原体长期认识不清，误以为是一种病毒，直至 1965 年 Mare 和 Switzer 分离获得猪肺炎支原体。1973 年，我国首次分离得到一株致病性支原体。本病广泛存在于世界各地，发病率较高，但致死率却很低，患猪长期生长发育不良，生产率下降12%，饲料利用率降低20%。本病在猪呼吸道疾病综合征（PRDC）发生过程中起着重要作用。猪肺炎支原体可通过抑制宿主免疫，导致多杀性巴氏杆菌、猪链球菌、副猪嗜血杆菌或胸膜肺炎放线杆菌等上呼吸道共生菌在肺部增殖，并促使其他疾病的发生。给养殖户造成经济损失，对养猪业发展带来严重危害。

一、病原

本病的病原体为猪肺炎支原体（Mycoplasma hyopneumoniae，Mhyo），属于支原体科支原体属成员，是一群介于细菌和病毒之间的微生物。Mhyo 因无细胞壁，故呈多形态，有环状、球状、杆状和两级状等。Mhyo 可通过 0.3μm 孔径滤膜，革兰染色呈阴性，姬姆萨或瑞氏染色良好。

Mhyo 能在各种支原体培养基中生长，但在培养过程中生产较为缓慢。本菌对培养基的营养要求较高，分离用的液体培养基为无细胞培养平衡盐类溶液，必须加入乳清蛋白水解物、酵母浸液和猪血清。将其接种于固体培养基并置于 5% ~ 10% CO_2 气体条件下进行孵育，直至第 7 ~ 10d 才能长成肉眼可见针尖和露珠状菌落，未出现其他猪源支原体的"荷包蛋"菌落。在液体培养基中生长时呈酸性反应。病原组织培养，应用猪肺切块、猪肾和猪睾丸细胞单层可以传代。病料接种乳兔传代致弱获得成功，对猪的致病力减弱，并仍保持较好的免疫原性。

Mhyo 菌株在抗原学和遗传学上具有多样性。通过对 Mhyo 232 菌株、J 菌株和 7448 菌株的基因组进行测序，证实菌株间存在遗传变异，并且单个的基因组区域具有高度的变异性。通常接种（或感染）低毒力分离株不能诱导机体抵抗高毒力分离株的感染。

大量研究揭示，猪肺炎支原体表面抗原在跨膜易位过程中可被蛋白酶水解。与其他猪源支原体不同的是，猪肺炎支原体不含有可变表面蛋白。P97 蛋白在猪肺炎支原体黏附至纤毛过程中发挥重要作用。

猪肺炎支原体对外界的抵抗力不强。猪肺炎支原体由病猪排出外界环境后，一般在 2 ~ 3d 失活。病料悬液在 15 ~ 20℃ 放置 36h 便丧失致病力，而保存于 1 ~ 4℃ 可存活 4 ~ 7d，-15℃ 可达 45d，-30℃ 可达 20 个月。本菌对青霉素和磺胺类药物不敏感，但对土霉素、卡那霉素、壮观霉素等敏感。在温热、日光、腐败和常用的化学消毒剂作用下，都能很快死亡。

二、流行病学

自然病例只见于猪，不同日龄、性别、品种的猪均可感染，但对方品种猪的易感性要高于外来纯种猪和杂交猪。在新疫区或流行初期，怀孕后期的母猪发病较多；在老疫区或流行后期，则以断奶仔猪发病较多，病死率较高。育肥猪较少发病，病程也较轻；母猪和成年猪多呈慢性或隐性。

患病猪和带菌猪是本菌最主要的传染源。康复猪在症状消失半年到一年后认可不断排出病原菌，将猪肺炎支原体传染给健康猪只，增加防制难度。从疫区引进健康猪或隐性猪，可使猪场爆发本病。一旦将本病传入猪场，若不采取严格措施，很难彻底将其扑灭，使其成为猪场老大难病。

猪肺炎支原体主要存在于感染猪的呼吸道中，病猪通过咳嗽、喘气、打喷嚏排出大量病原体形成飞沫，悬浮于空气中，被易感猪吸入后经呼吸道感染。在许多猪群中，猪肺炎支原体感染的维持是通过母猪与仔猪的鼻对鼻传播。但母猪散播病原菌至鼻腔分泌物中的比例随着产胎次数增加而明显降低。有研究显示，母猪首次产仔散播病原菌的比例为73%；第2～4次产仔为42%；6～7次产仔为50%；而8～11次产仔仅为6%。有学者提出采取早期断奶策略，即在仔猪7～10日龄时，将其断奶并移至隔离圈，这样能显著降低本病的发生率，但还是不能完全清除来自母猪的垂直传播。早在1985年，Goodwin发现畜群间距离少于3.2km能够发生相互传染。试验已证实，猪肺炎支原体在150m高度能够经气溶胶成功传播，而且本菌经气溶胶传输可高达9.2km。若给健康经皮下、静脉、肌肉注射或胃管投入病原菌，都不能诱发发病。

本病一年四季均可发生，但当天气寒冷、多雨或气候骤变时易爆发本病。本菌可正常寄居于猪群呼吸道，当出现饲养管理和卫生条件变差、猪群拥挤、猪舍通风不良、营养不足等应激因素时，有利于本病的发生。

三、诊断

（一）临床症状

本病潜伏期一般为11～16d，最短的潜伏期为3～5d，最长可达1个月以上。若同时与蓝耳病、副猪嗜血分枝杆菌病等共同感染时，会缩短潜伏期。主要临床症状为咳嗽与气喘，根据病的经过可分为急性型、慢性型和隐性型3个类型。

1. 急性型

主要见于新疫区和新感染猪群，以妊娠后期母猪和仔猪发病较多，症状明显。病猪突然出现精神萎靡，头下垂，站立一隅或趴伏在地，有时呈犬坐式。呼吸次数增加，每分钟可达60～120次以上。病猪呼吸困难，严重者张口喘气，口鼻流出泡沫状液体，发出哮鸣声，似拉风箱，有明显腹式呼吸。一般咳嗽次数减少或低沉，有时发出痉挛性阵咳。体温一般正常，若继发感染其他疾病，则可升至40℃以上。病程一般为1～2周，致死率较高。

2. 慢性型

慢性型一般有急性型转变而来，也有部分病猪开始时就取慢性经过。常见于老疫区架子猪、育肥猪和后备母猪。病猪表现长期咳嗽和气喘，初期为短而少的干咳，尤以清晨、晚间、运动后和进食时最为常见，咳嗽时站立不动，背拱，颈伸直，头下垂，用力咳嗽次数增加，直至将咽道分泌物咳出咽下，严重时呈连续的痉挛性咳嗽。常出现不同程度的呼吸困难，呼吸次数增加，静卧时呈现出明显腹式呼吸。病猪眼、鼻常有黏性分泌物，可视黏膜发绀。病程较长仔猪身体消瘦而衰弱，被毛粗乱无光，生长发育停滞。病程较长者，可拖延2～3个月，甚至半年以上。饲养管理和卫生条件差的仔猪则抵抗力较弱，可出现并发症，病死率升高。

3. 隐性型

可从急性型和慢性型转变而成，主要发生在老疫区。有的猪只在较好的饲养条件下，感染后不表现出明显症状，仅个别在剧烈运动会出现咳嗽。用X线检查或剖解时发现肺炎病变。若加强饲养管理，则病变逐渐消散，经一段时间可康复；若饲养管理恶劣，则病情恶化，转为急性型或慢性型，甚至引起死亡。

（二）病理变化

本病的病理变化主要在肺、肺门淋巴结和纵膈淋巴结。全身黏膜、浆膜、皮下组织有出血点，咽部及其结缔组织有出血性浆液浸润和喉头气管内充满了白色或淡黄色胶体样分泌物。肺头叶、心叶、中间叶、隔叶的前下部，形成左右对称的淡红色或灰红色的病变，半透明状，界限明显，似鲜嫩肌肉样病变，俗称"肉变"。随着病情加重，病变色泽加深，质地坚硬，外观不透明，俗称"胰变"或"虾肉样变"。肺胸膜表面可见红褐色斑点状病变区，胸腔积液增多，严重病例可见胸膜常有纤维素性附着物，甚至与肺粘连。淋巴结肿胀、出血，特别是肺门和纵膈淋巴结显著肿大。若无继发感染，其他内脏器官多无明显病变。

淋巴细胞和少量细胞在支气管周围形成"套袖"结构，且邻近血管和淋巴细胞导致支气管固有层及黏膜下层扩展。支气管上皮细胞和一些散在的肺泡上皮细胞可能发生增生。肺泡腔和支气管官腔内含有大量浆液性液体及混有巨噬细胞及少量中性粒细胞、淋巴细胞和浆细胞的液体。

（三）实验室诊断

1. X 线检查

通过本方法可对隐性或可疑患病猪进行诊断。在做 X 线检查时，猪只以直立背胸位为主，侧位或斜位为辅。患病猪在肺野的内测区以及心膈角区呈现不规则的云絮状渗出阴影。

2. 荧光抗体技术和免疫组织化学方法

利用抗 Mhyo 特异性抗体对呼吸道上皮细胞进行标记。本方法具有快速、检测成本低的优势。

3. PCR 技术

多种 PCR 技术的发展为确诊本病提供了灵敏和特异的方法。通常检测肺组织、支气管拭子、支气管冲洗液的病菌。为提高测试方法的敏感性，可使用包括两对引物的巢式 PCR 方法，该方法能够检测到少至 4~5 个微生物。

四、综合防治

（一）免疫预防

应用疫苗是减少和控制本病的重要方法。利用添加佐剂的全细胞或膜制剂生长的抗猪肺炎支原体疫苗已广泛应用于本病的防制。2000 年，美国农业部国家动物健康监测系统显示，在美国有 85% 以上的畜群接种了支原体疫苗。目前，市场上销售的商品疫苗主要是弱毒疫苗和灭活苗 2 种。随着分子生物学技术在疫苗领域的渗透，研发安全、高效的亚单位疫苗已是大势所趋。

对于母猪疫苗接种计划仍存在争议，有研究证实，母猪的疫苗接种对猪肺炎支原体在仔猪体内的定居不产生影响，但有母乳抗体的仔猪，其肺炎的严重程度明显降低。在抗体水平非常高的情况下，抗 Mhyo 母源抗体水平能够抑制疫苗的效果。另一项研究证实，疫苗接种母猪所产的仔猪在野生型菌株感染前不产生免疫应答反应，被动获得性抗体的产生证实其不产生回忆应答。截至目前，母源抗体对猪的保护作用以及母猪疫苗接种的效果仍存在争议。

现在引起养猪业关注的一个重要问题是猪肺炎支原体疫苗的效果显著降低。引起疫苗效果降低的原因有很多，可能是简单的疫苗使用不规范或保存不当。但大量研究表明，某些疫病的感染可能降低 Mhyo 疫苗的有效性，例如猪体感染猪蛔虫能显著降低抗Mhyo 诱导疾病疫苗的有效性。总之，当前的疫苗能够有效降低支原体肺炎相关的临床疾病，但不能阻止病原菌在宿主体内的定居。

我国已成功研制了猪气喘病弱毒疫苗。该疫苗的主要技术指标：①疫苗接种猪 2 个月内定期 X 光透视，观察肺部无反应率达 83.8% ~ 100%；②同居猪不感染；③不影响增重；④无副作用；⑤攻毒保护率 80% 左右；⑥免疫期在 12 个月以上；⑦冻干疫苗在4 ~ 8℃保存 1 个月，–15 ~ –20℃保存 12 个月，免疫效力不降低。应用本疫苗时，应注意：第一，注射疫苗前 15d 及注射疫苗后 2 个月内不得饲喂或注射土霉素、卡那霉素等对疫苗有抑制作用的药物；第二，疫苗一定要注入胸腔内，注射在肌肉内无免疫效果。

在国外已有瑞士、丹麦、瑞典、芬兰等国实行根除 Mhyo 计划，并取得了不同程度的成功。采用的措施有：采用完全排空所有动物的策略，通过早期根除计划清除本国的病原菌，即将仔猪和小母猪分离 10 个月，同时，为剩余动物提供 10 ~ 14d 的饲喂给药，使用的抗生素包括硫姆林或金霉素、泰乐霉素及磺胺类药物的联合用药；早期断奶给药方案，即母猪使用抗生素处理而仔猪在 6 日龄断奶；隔离断奶仔猪并采用分阶段生产方案。这些措施能显著降低有母猪传播给仔猪的病原菌数量。现在一个普遍观念，利用经剖腹产生产及未吃初乳的猪建立畜群一直以来是保证生产无 Mhyo 猪的唯一办法，并且对用于提供后备动物的畜群状态进行谨慎评价对于维持无猪肺炎支原体感染状态至关重要。

未发现本病的猪场应采取的主要措施有：坚持自繁自养，若必须从外地引进种猪，应了解产地的疫情，确诊无本病后方可引进；加强饲养管理和防疫卫生工作，注意观察猪群的健康状况，推广人工授精，避免母猪与种公猪直接接触，保护健康母猪群；若发现可疑病猪，及时隔离或淘汰。

已发现本病的猪场应采取的主要措施有：利用健康母猪培育无病后代，建立健康猪群，做到"母猪不见面，小猪不串栏"，育肥猪、架子猪、断奶小猪分舍饲养，避免扩大传染；对有饲养价值的母猪，可进行 1 ~ 2 个疗程的治疗，证实无感染后方可进行配种；病愈后进入单栏的隔离舍产仔，观察直到小猪断奶，确认健康后进行分群饲养或留做种用；对有明显症状的母猪，不宜留作种用，严格隔离治疗后肥育出售。

（二）药物治疗

本病尚无特效药物。部分抗生素的使用能够有助于控制疾病的发展，但不能完全清除呼吸道的病原菌，而且不能治愈已出现的病变。由于病菌定值于呼吸道纤毛上，因此抗生素必须能在呼吸道黏液和液体中达到显著水平。猪肺炎支原体没有细胞壁，像青霉素、氨苄西林、阿莫西林、头孢菌素等这类干扰细胞壁合成的抗生素，对本病治疗效果有限。有研究发现喹诺酮类药物、硫姆林、达氟沙星、金霉素、林可霉素、替米考星等具有抗菌活性，而多黏菌素、红霉素、链霉素、甲氧苄啶和磺胺类药物对本菌几乎无效。

在试验动物体内使用抗生素治疗的结果，通常是有差异的。例如，有试验证实，硫姆林能有效降低感染支原体肺炎的严重性，而另一项试验指出硫姆林未能产生有效治疗。这些矛盾的试验结果可能是由于 Mhyo 分离株对药物的敏感性、试验设计、测定参数以及其他继发病原菌的存在等方面存在差异。有研究指出，在病菌感染前使用金霉素进行饲喂给药能降低肺炎的严重性以及病原菌的数量。但若在病畜出现早期临床症状时才给药，这时药物的有效性不明显。从而证实在病原体出现前或早期给药策略，能有助于使用药物成功控制肺炎支原体的发生。此外，若病畜继发感染其他疾病，则使得治疗更具挑战性，通常需要使用多种抗生素联合治疗。

临床上常用卡那霉素、泰安霉素、林可霉素、支原净等抗生素用于治疗，有明显效果。对于病危猪，脉管给药效果最好。但这种方法易使菌株产生耐药性，因此，大范围的脉管给药应当严格控制。

第三节　猪巴氏分枝杆菌病

猪巴氏分枝杆菌是由多杀性巴氏杆菌引起的一种急性或散发性传染病。本病分布广泛，世界各地均有发生，并常与猪其他传染病并发或继发感染。

1880 年，Louis Pasteur 确定禽霍乱的病原体为多杀性巴氏杆菌，自此以后巴氏杆菌属细菌被认为是一种重要的致病菌，为纪念 Louis Pasteur 功绩，将该属以他的名字命名。早在 100 年前，人们就将多杀性巴氏杆菌作为猪呼吸道疾病的一种重要病原菌。该菌可引起猪进行性萎缩性鼻炎（PAR）和肺炎。关于猪萎缩性鼻炎的病因学一直存在较大的争议，目前，公认的说法：PAR 是一种严重且不可逆的病变，它是由产毒素的多杀性巴氏杆菌单独引起或与支气管败血波氏杆菌共同引起。需注意的是，支气管败血波氏杆菌单纯感染也可引起猪萎缩性鼻炎，是与 PAR 不同的非进行性萎缩性鼻炎（NPAR），但该病变是可逆的。

一、病原

多杀性巴氏杆菌（Pasteurella multocida，Pm）为革兰阴性菌，不运动，无芽孢，有荚膜。将病料组织、体液涂片，用瑞氏、姬姆萨氏或美蓝染色后镜检，可见菌体两端染色深，中央微凸的短杆菌，长度约为 $1 \sim 2\mu m$。但经系列传代培养后，这种特性会消失。Pm 为兼性厌氧菌，对培养基的培养要求较高，在马丁肉汤或血液琼脂培养基上才能良好生长，而在麦康凯培养上不生长。在含 5% 牛血清琼脂或葡萄糖淀粉琼脂培养基上，37℃培养 $18 \sim 48h$，可见直径为 2mm 灰白色露滴状菌落，45°斜射光透射观察，可见不同荧光和彩虹。根据菌落表面荧光和彩虹的不同，可分为蓝色荧光型（Fg）、橘红色荧光型（Fo）和无荧光型（Nf）3 种类型。Fg 型菌对猪等畜类有很强的毒力，对禽类毒力较强；Fo 型菌对禽类有很强的毒力，对畜类毒力较弱；Nf 型对禽类和畜类毒力都很强。其中，Fg 型菌和 Fo 型菌在一定条件下可发生相互转换。

通过间接血球凝集试验对荚膜 K 抗原进行分型，可将多杀性巴氏杆菌分为 A、B、D、E、F5 个血清型。其中，大多数猪源分离株为 A 型和 D 型，少部分分离自呼吸道的菌株因没有荚膜而不能分型。A 型通常分离自患有肺炎的肺脏，大多数 PAR 分离株为 D 型，而在猪急性败血性巴氏分枝杆菌病最为流行的是 B 型。采用凝集反应，将菌体 O 抗原分为 12 个菌体型，临床上以 1 型、2 型、5 型为主。最终，多杀性巴氏杆菌按菌株抗原成分的差异（即菌体 O 抗原：荚膜 K 抗原）可分为若干血清型。在我国，猪主要以 5：A 和 6：B 为主。

扁桃体尤其是扁桃体隐窝是猪体内多杀性巴氏杆菌的主要栖居地，能保护细菌不被炎性细胞杀伤。当呼吸道黏膜纤毛消除率降低或黏膜受损时，病菌和细胞外基质成分的相互作用可促使其在呼吸道黏膜上皮定居。若同时或继发感染支气管败血波氏杆菌后，多杀性巴氏杆菌黏附到气管环的能力明显增强。多杀性巴氏杆菌的外膜蛋白 OmpA 和 OmpH 是细菌细胞表面配基。LPS 是细菌外膜的重要组成成分，在细菌的黏附过程中发挥作用。PAR 与产毒 D 型菌株在上呼吸道定居有关，而肺炎与不产毒 A 型菌株在肺泡的定居有关，这种差异表明，两个荚膜血清型之间的定居机制可能存在差异。已有报道证实，A 型菌株比 D 型菌株更能优先与原代培养的猪肺细胞结合。

猪发生 PAR 前，一般感染支气管败血波氏杆菌。有学者提出支气管败血波氏杆菌能释放一种气管细胞毒素，该毒素能引起纤毛停滞和黏膜上皮损伤，这有利于多杀性波氏杆菌的定居。多杀性巴氏杆菌能产生 PMT 蛋白毒素，该毒素是 PAR 发生过程非常重要的毒力因子。PMT 能干扰鼻甲的正常骨再塑和骨形成，并能降低猪长骨的面积，还能使动物生长缓慢。在肺炎型猪巴氏分枝杆菌病发生过程中，荚膜能促进病菌侵入。通常荚膜能有效阻止吞噬细胞吞噬病原菌，也能干扰猪中性粒细胞对病原菌的摄取。

本菌对外界环境和物理化学因素抵抗力较低。细菌在 4℃ 条件下，可在液体或固体培养基存活 1 周；在寒冷的冬季，病菌在病死猪尸体内存活 2 ~ 4 个月；在猪粪中存活 4d；在从仔猪获得的鼻腔洗冲液中能存活 49d。当温度为 23℃、相当湿度为 75% 时，多杀性巴氏杆菌在悬浮气溶胶中的半衰期为 21min。细菌在 60℃ 加热 1min、100℃ 加热能立即灭活。暴露在直射阳光下 10 ~ 15min，细菌很快便死亡。

二、流行病学

多杀性巴氏杆菌对多种动物（包括家畜、野生动物、禽类）和人均有致病性，但一般情况下，不同畜禽间不发生相互感染。家畜中以牛（黄牛、水牛、牦牛）、猪发病较多。不同日龄猪均有易感性，其中，小猪和中猪的发病率较高。

多杀性巴氏杆菌通常是多种宿主中正常菌群的一部分，扁桃体是本菌的一个重要贮存器，此外也能从健康动物的鼻腔、呼吸道分离出本菌。在临床上常呈隐性感染，但当猪在长途运输、气候剧变、潮湿、闷热、寒冷、拥挤、通风不良、饲料突变、营养缺乏或患寄生虫病等诱因，使猪只抵抗力下降，病菌乘机侵入机体，经淋巴液进入血液循环，发生内源性感染。一旦存在传染源后，患病动物经飞沫、排泄物、分泌物向外排菌，多杀性巴氏杆菌能够持续在猪群中存在数月甚至数年，可通过污染的传播媒介或中间宿主进行传播。猪群中的主要是通过鼻与鼻接触传播，偶尔通过气溶胶传播。据报道，若猪群过于拥挤或通风不良，则空气中氨浓度过高，这能促使多杀性巴氏杆菌感染未断奶仔猪，使其肺部感染。本病偶见经垂直传播，也可经吸血昆虫、损失皮肤感染。鼠、猫、犬以及其他宿主也可携带多杀性巴氏杆菌，通过间接接触将病原菌传递给猪。通常一个猪群中含有多种菌株。

本病无明显的季节性，但多发生于春初、秋冬等气候骤变季节，多呈散发性，有时可呈地方流行性。

三、诊断

(一) 临床症状

不同血清型多杀性巴氏杆菌引起猪临床症状存在差异，大致可分为猪进行性萎缩性鼻炎和猪肺疫。

1. 猪肺疫

潜伏期一般为 1 ~ 5d，临诊上可分为最急性型、急性型和慢性型。

(1) 最急性型俗称"锁喉风"，常见于流行初期或新疫区。猪未出现明显临床症状就突然发病，迅速死亡。病程稍长者出现体温升高至 41 ~ 42℃，食欲废绝，全身衰弱。咽部红肿、发热，严重的向下可至耳根，向后可达胸前。可视黏膜发绀，耳、腹、四肢内侧皮肤出现红斑。呼吸困难，呈犬坐式，伸长头颈呼吸，有时有喘鸣声，口、鼻流产泡沫，终因窒息而死，所以又称"锁喉风"。病程为数小时至 4h，病死率可达 100%，未见自然康复的。

(2) 急性型是本病最常见和最主要的病型。除具有败血症的一般症状外，还表现出急性胸膜肺炎。体温升高至 40 ~ 41℃。病初发生痉挛性干咳，鼻有黏性鼻漏，有时混用血液，呼吸困难。后变为湿咳，咳有明显痛感，触诊胸部有剧烈的疼痛，听诊有啰声和摩擦音。病势发展后呼吸更困难，张口吐舌，呈犬坐姿势。可视黏膜发绀，脓性结膜炎，先便秘后腹泻。病猪消瘦无力，卧地不起，多因窒息死亡。病程一般为 5 ~ 8d，不死者转为慢性。

(3) 慢性型表现为慢性肺炎和胃炎症状。有时出现持续性咳嗽和呼吸困难，鼻孔不时流出黏性或脓性分泌物。有时出现痂样湿疹，关节肿胀，食欲缺乏，腹泻。病猪出现营养不良，进行性消瘦，终因衰竭而亡，病程 2 周左右，病死率 60% ~ 70%。

2. 进行性萎缩性鼻炎

病初仔猪出现打喷嚏，若继发感染其他病原菌，则可出现急性鼻炎，从而导致动物发育障碍和消瘦。在整个生长期内，病猪出现打喷嚏、鼻塞及喷鼻等症状。鼻孔有清涕或黏液脓涕流出，眼内眦流出的泪痕是由鼻腔泪管闭塞引起的，该症状与 NPAR 猪相似，但鼻衄和鼻吻畸形是 PAR 的典型症状。病猪上颌短小，鼻背面皮肤出现褶皱。当头骨一侧的畸形比另一侧严重时，鼻吻的侧偏可能会很明显。生长发育猪由于鼻甲的损伤，会引起动物生长发育延迟，饲料利用率降低。

(二) 病理变化

1. 猪肺疫

咽喉部及其结缔组织有出血性浆液浸润。皮下出血水肿、浆膜出血和充血。全身淋巴结肿胀、出血，切面为红色。纤维素性肺炎，肺部出血、水肿，出血红色或灰黄色肝病区。胸膜可见红褐色到灰红色斑点状病变区，表面有纤维素性附着物与肺粘连，胸膜显著增厚。胸腔和心包积液，出现胸膜炎和心包炎。新生仔猪可见其心外膜广泛性出血。气管和支气管内含有大量泡沫状黏液。关节肿胀、坏死，出现脓性关节炎。

镜检病变，可见支气管和肺泡腔内有嗜中性粒细胞浸润及肺间质增厚。肺呈大叶性肺炎，间质水肿、出血，可见纤维素性化脓性胸膜炎。脑膜出血、心肌出血。血管内有血栓形成。若继发感染支原体时，可见细支气管周围有淋巴细胞浸润；若同时感染 PRRSV 时，则表现出特征性的间质性肺炎病变。

2. 进行性萎缩性鼻炎

腹侧及背侧鼻甲发生不同程度的萎缩是 PAR 的标志性病变。严重的病猪整个鼻甲缺失及鼻中隔偏移。鼻腔内有脓性渗出物，偶见出血。镜检可见鼻甲的鼻小梁被结缔组织取代，破骨细胞数量增多。

（三）实验室诊断

1. 细菌学检查

取患病动物的心脏、脾脏、肺脏、渗出物、浓汁涂片，染色，镜检，若观察到两端染色的卵圆形杆菌可初步诊断将病菌培养 18～24h 后，改良马丁琼脂斜面生长纯粹的培养物，呈微蓝色菌苔或菌落。马丁肉汤培养物生长均匀混浊，不产生菌膜。在低倍显微镜45°折光下观察，有彩虹，为蓝绿色荧光（Fg 菌落型），或橘红色荧光（Fo 菌落型）。

2. 小鼠攻毒试验

取马丁肉汤 24h 培养物，用马丁肉汤稀释约为 1 000 个菌体/ml，皮下接种 18～22g 健康小白鼠 4 只，应全部死亡。

3. 间接血凝试验（Carter 氏荚膜分群法）

将血清置于56℃水浴30min（除去非特异性的凝集因子），用生理盐水做10倍稀释后再进行连续对倍稀释至第8管，取每个稀释度0.2ml加到小圆底试管。每管加入致敏红细胞，并设立对照组。充分振荡后，置室温 1～2h 判定结果。具体步骤参照《NY/T 564—2002 猪巴氏分枝杆菌病诊断技术》。

4. 琼脂扩散沉淀试验

用8.5%氯化钠溶液100ml与琼脂1.0g加热溶化后，再加1ml 1%硫柳汞，混合凉至60℃左右，倒入平皿内，琼脂厚度2.5mm～3mm。琼脂冷凝后，打孔，孔径4mm，孔与孔中心距离为6mm，每组5孔，中央孔加待检抗原，滴满为度（约0.03ml），四周孔加分型血清分别加入到四周孔。置 36～37℃，24～48h 后判定结果。若抗原与血清孔之间出现明显的沉淀线为阳性。具体步骤参照《NY/T 564—2002 猪巴氏分枝杆菌病诊断技术》。

四、综合防治

（一）猪肺疫的防治措施

加强饲养管理，注意通风换气和防暑防寒，降低饲养密度，避免过度拥挤。尽早隔离断奶仔猪，实行全进全出制度。尽量限制外来猪的引进，并充分确定其购买猪场的健康状况，避免混合饲养。猪场应制度严格的消毒措施，场区、猪舍及饲养用具等定期以2%氢氧化钠溶液、1%聚维酮碘溶液、1%过氧乙酸溶液等进行消毒。

由于多杀性巴氏杆菌有多种血清型，各型之间不能产生完全的交叉保护，因此，应选用当地流行的血清型菌株制成的疫苗进行预防接种。目前，市场上的商品疫苗主要有猪肺疫活疫苗和三联苗（猪瘟、猪丹毒、猪肺疫），应根据猪场实际情况选择使用。活疫苗建议在断奶后15d以上注射一次，种猪每年注射2次。

研究发现，部分菌株对许多常用抗生素的耐药性逐渐增加。因此，在开始治疗前，应进行抗生素抗菌谱测定。对本病的治疗可选用土霉素、四环素、青霉素、氨苄青霉素、头孢噻呋、诺氟沙星、拖拉菌素、泰乐霉素、磺胺类药物。有学者指出，在饲料加添加抗生素如金霉素，有很好地预防治疗效果。

（二）进行性萎缩性鼻炎

养猪场应实行全进全出制度。为了减少经空气传播的细菌、有毒气体及粉尘，应当降低饲养密度、严格实施卫生消毒措施，保持良好的通风条件。为避免引入大量感染的小母猪，建议适当延长母猪群的年龄。采取隔离、监控以及使用清洁的种群等措施净化猪群。

以Pm产毒株制备的疫苗虽然能诱导机体产生抗菌抗体，但却不能有效的诱导机体产生足够的毒素特异性抗体，从而会影响疫苗的有效性。因此，添有类毒素疫苗的免疫效果明显优于单纯的菌苗。PMT是PAR非常重要的保护性抗原，所以，其是PAR疫苗的一个重要组分，并已证实添有PMT类毒素的疫苗能提供较好的免疫保护。可是PMT的纯化和减毒很难，通常通过依赖基因截断技术或通过在两个关键位点进行氨基酸置换的遗传修饰技术研制出生产重组减毒PMT的方法。此外，市场上还有包含Pm和支气管败血波氏杆菌的联合菌苗，能有效预防猪萎缩性鼻炎的发生。建议母猪分娩前4~8周进行首免，2~4周进行再次免疫，仔猪能从初乳中获得母源抗体，可有效抵抗本病。

临床上常用头孢噻呋、恩氟沙星、拖拉菌素、四环素类、磺胺类药物用于治疗。但有研究报道，Pm和支气管败血波氏杆菌对土霉素和一些磺胺类药物的耐药性，逐渐增加。

第四节　猪传染性萎缩性鼻炎

猪传染性萎缩性鼻炎主要是由支气管败血波氏杆菌和产毒素的D型多杀性巴氏杆菌引起的猪的一种慢性呼吸道传染病。其特征为鼻炎、鼻中隔偏曲、鼻甲骨萎缩，以鼻甲骨下卷曲部最常见。其临床主要表现为打喷嚏、鼻塞、颜面变形。该病主要分两种临诊类型，即非进行性萎缩性鼻炎和进行性萎缩性鼻炎，前者主要是由支气管败血波氏杆菌或与其他因子（如多杀性巴氏杆菌）共同所致，后者主要由产毒素多杀性巴氏杆菌引起（已在"猪巴氏分枝杆菌病"介绍）。该病感染率高，但死亡率低，易造成其他呼吸道病原的继发感染。本病能影响动物生长率和饲料转化率，给养猪业造成巨大的经济损失。

1910年，首次从病犬呼吸道分离出支气管败血波氏杆菌（Brodotella bronchiseptica,

Bb)，随后又从其他哺乳动物中分离得到。直至 20 世纪 40 年代，支气管败血波氏杆菌才从肺炎病猪中分离出来。随着养猪业集约化发展，猪的引种调运频繁，猪传染性萎缩性鼻炎也随之扩散蔓延，现已遍布世界各国，据报道世界猪群约有 25% ~ 50% 受感染。在美国本病血清学阳性率曾高达 54%，已成为重要的猪传染病之一。我国本无此病，但由于对种猪进口缺乏严格的检疫而使本病在我国传播。1964 年，我国从英国进口"约克"种猪发现本病，随后又从欧、美等国大批引进瘦肉型种猪，至此该病已通过多渠道传入我国。1984 年，云南省兽医防疫站对省内 12 个县进行血清学调查，发现猪的血清阳性率达 71.2%，说明此病在我国已广泛存在。

一、病原

经过国内外学者长期研究，证实本病病原主要是 I 相支气管败血波氏杆菌（Bb），其次是产毒素的多杀性巴氏杆菌（Pm）。其他微生物如绿脓杆菌、放线菌、毛滴虫等有时也参与感染。若单独感染 Bb 可引起较温的非进行性萎缩性鼻炎（NPAR），一般无明显鼻甲骨病变，该病是可逆的；若感染 Bb 后继发感染 Pm 时，能引起猪进行性萎缩性鼻炎（PAR），该病可引发严重的萎缩性鼻炎，是一种严重且不可逆的病变。

Bb 在猪群中广泛存在，无论是从症状明显的患病猪还是表面健康猪群都能分离出 Bb。Bb 为革兰阴性球杆菌，不能运动，需氧，不产生芽孢，有周鞭毛，大小约为 $1.0\mu m \times 0.3\mu m$，只有分离的强毒菌株有荚膜，并产生毒素。该菌生长缓慢，培养基中加入血液可助其生长。在葡萄糖中性红琼脂平板上，菌落中等大小，呈透明灰色。肉汤培养物有腐霉味。鲜血琼脂上产生 β 溶血。Bb 不能发酵，但氧化酶、过氧化酶、脲酶和柠檬酸盐反应呈阳性。本菌有 3 个菌相：I 菌相、II 菌相和 III 菌相。II 菌相和 III 菌相毒力较弱。I 菌相在不适当的条件下可向 II、III 菌相变异。I 菌相感染新生仔猪后可在鼻腔内存留 1 年之久。

目前，还没有可用于 Bb 菌株识别或评估种群多样性的血清型分类方法。Bb 菌株有不发生交叉反应的 O_1 抗原和 O_2 抗原两种血清型，几乎所有 Bb 菌株都能表达其中的一种。但是这两种抗原是由单独的位点编码，可发生重组，所以，不太适合用于血清分型。

Bb 不同菌株毒力相差较大，感染的结果从隐性感染到致死性肺炎个不同。通过对小鼠的半数致死量（LD_{50}）测定，不同菌株毒力可相差 10 万倍，这可能是由于菌株发生变异而造成的。Bb 通过一系列的毒力因子引起发病，包括黏附素、毒素和其他能改变宿主功能、促进免疫逃避或者有利于传播、存活的细菌产物。绝大多数毒力基因的表达需要波氏杆菌属毒力基因（BvgAS）系统的表达（Bvg[+]）。表型调整是 Bb 对环境改变的一个重要的适应反应，该过程是可逆的。细胞表面分泌的丝状血凝素（FHA）是一种免疫原性蛋白，有利于细菌在上呼吸道定植。菌毛蛋白在细菌表面形成发团结构，对细菌在气管中定植和存留以及感染时对体液免疫有着重要影响。皮肤坏死毒素（DNT）是 Bb 非常重要的一个毒素，能破坏骨的形成，可导致鼻甲损伤从而引起鼻腔中正常菌群变更或清除，能引起肺炎，同时，也可使宿主对其他病原的易感性增强。腺苷酸环化酶毒素（ACT）可影响腺苷酸环化酶和孔隙的形成，也能破坏宿主先天性免疫保护功能。气管型细胞毒素（TCT）是细胞生长期间细胞壁改建过程中出现的一种肽聚糖分解产物，TCT 可能与感染早期发生的黏液纤毛清除有关。与其他革兰阴性菌不同的是，Bb 对 TCT 没有再回收利用能力，而是将其释放到细胞外并与脂多糖相互协同，使纤毛停滞并从黏膜上皮层脱落。且 TCT 不受 Bvg 系统调控，在 Bvg$^+$ 和 Bvg$^-$ 菌增殖过程中都能产生。

本菌的抵抗力不强，在室温、75% 湿度及气溶胶状态下，该菌的半衰期为 1~2h。通过超声处理、60℃ 加 10min、甲醛处理都可以灭活 Bb。在 10~37℃ 的土壤中存活 45d，在湖水中或非营养液中存活几周。一般消毒药均可使其致死。

二、流行病学

Bb 可感染家禽、家畜及多种野生动物。任何年龄猪都可感染本病，其中以仔猪易感性最大。1 周龄仔猪感染后可引发原发性肺炎，可致全窝仔猪死亡，发病率随年龄增长而下降。1 个月龄内仔猪感染后，多引起鼻甲骨萎缩。断奶后感染本病，一般只产生轻微病变。较大猪感染后可能看不到症状而成为带菌者。

Bb 主要通过空气飞沫传播。Bb 能在猪鼻腔中存活几个月甚至更长时间。带菌母猪通过呼吸道将病菌传给仔猪。病猪通过咳嗽或打喷嚏产生的气溶胶在猪群中易引起传播。已从啮齿类动物、鸟类及野生动物中分离出 Bb，若猪群与这些带菌动物接触，从而间接接触感染。

本菌在猪群中传播比较缓慢，多呈散发性或地方流行性，即使新发病的猪群要达到一定的发病率或大部分感染，至少需要 2~3 年时间。通风不良、猪群拥挤、缺乏营养等应激因素可使发病率上升。不同品种的猪对本病的易感性有差异，通常国外引进的长白猪等品种特别易感，而国内土种猪较少发病。

三、诊断

（一）临床症状

根据猪感染 Bb 日龄、免疫状况不同以及是否与其他病原体混合感染，其临床症状有较大的差别。本病具有高度的传染性，传播迅速，发病率较高，但死亡率较低。

病猪感染后 2~3d，会出现鼻炎和支气管炎症状，表现为打喷嚏、流鼻汁、流泪及反复性干咳。鼻腔分泌浆液—黏液脓性分泌物，个别猪因强烈喷嚏发生鼻衄。病猪常因鼻炎刺激黏膜而表现不安，如不断摇头、拱地、摩擦鼻部。吸气时鼻孔扩张，严重者张口呼吸。由于鼻泪管阻塞，眼泪流出后黏附尘土而在眼角出现斑纹，俗称"泪斑"。

病猪出现鼻甲骨萎缩，可见鼻腔和面部发生变形。若一侧鼻甲骨萎缩，则使鼻弯向同一侧；若两侧鼻甲骨受损相等时，外观鼻距缩短并向上翘起，鼻变曲，呈现"哈巴狗面"。病猪体温正常，生长发育不良，日增重下降，饲料利用率下降，难以肥育，部分成为僵猪。

病猪感染时周龄越小，则出现鼻甲骨萎缩的可能性越大，也越严重。若感染后未发生新的重复或未发生混合感染，萎缩的鼻甲骨可能再生。当 Bb 与多杀性巴氏杆菌混合感染时，病猪出现以 PAR 为特征的更为严重的上呼吸道症状，包括流鼻血、短颌、歪鼻子等症状。当与猪蓝耳病混合感染时，病猪肺炎症状更为明显，并能引起全身性病变。此外，本病与链球菌、副猪嗜血杆菌等病原体混合感染可使病情加重，死亡率升高。

（二）病理变化

Bb 对鼻腔和肺脏具有特殊亲嗜性，常引起萎缩性鼻炎和化脓性支气管炎。Bb 在鼻腔黏膜上皮细胞进行增殖后，能引起鼻腔上皮发炎、增生和退变。可见鼻腔损伤，鼻腔中有大量黏脓性或干酪样渗出物。鼻腔的软骨和鼻甲骨软化、萎缩。特别是下鼻甲骨的下卷曲最为常见，偶见筛骨和鼻甲骨的萎缩。严重者可见鼻甲骨消失，鼻中隔发生部分或完全弯曲。泪腺出现炎症和阻塞，可导致眼眦周围分泌物着色。肺脏病变可由急性红色逐渐变为梅红色，部分发生纤维化的病变。

镜检可见纤毛损伤，黏膜上皮细胞微胀肿，有中性粒细胞、淋巴细胞和巨噬细胞的浸润。鼻甲的鼻小梁被纤维组织替代。肺泡腔出血、水肿、坏死，出现大量炎性细胞。小叶间偶见水肿。肺部出现纤维化病变。若与其他细菌或病毒混合感染可见化脓性支气管肺炎。

（三）实验室诊断

1. 病原的分离鉴定

通过对鼻腔拭子的培养是常用的方法。将猪只绑定好，清洗鼻的外部，将棉拭子插入鼻腔，轻轻旋转。将棉拭子放入无菌的 PBS 中，尽快进行分离培养和生化鉴定。

2. 血清学方法

血清学方法主要用于监测猪群的健康状态，目前，常用试管凝集反应诊断本病。本方法不仅特异性强，而且快速、方便。将待检血清做倍比稀释后加等量抗原，充分振荡，37℃温箱放置 24h 后判断结果。酶联免疫吸附试验（ELISA）能检测血清中的抗体，该方法比凝集反应更灵敏。

3. X 线诊断

应用放射摄影技术，通过猪鼻 X 线影像发生的异常改变作出诊断，例如，病猪出现鼻甲骨萎缩。

四、综合防治

（一）预防措施

改善饲养管理。应从无本病的猪场引进种猪，并对新购入猪做好检疫工作，进场后应隔离观察 3 个月以上，若诊断仍为阴性时才能并群饲养。各阶段猪均采用全进全出管理体制。适当提高生育母猪年龄，避免引进大量年青母猪。降低猪群饲养密度，改进通风设备，保持猪舍通风、干燥，从而提高空气质量，减少空气中的病原菌。做好消毒工作，猪舍及其周边环境应定期以 2% 来苏尔、3% 石炭酸、2% 氢氧化钠溶液进行消毒。

lgA 对清除上呼吸道病原菌起着重要作用，因此，疫苗能否引起强烈的 lgA 反应对清除整个呼吸道中病原起着关键作用。有研究发现，感染诱导免疫比疫苗诱导免疫更能提供有效保护。因此，疫苗免疫虽能产生较高抗体，但保护作用却有限。同时也表明，自然感染部位引起的免疫反应更有效、更活跃，也就是说弱毒疫苗使用滴鼻途径效果更好。通过对猪只滴鼻弱毒疫苗能竞争性抑制病原菌在鼻腔中的增殖，并能诱导产生黏膜免疫。

现在市场上商品疫苗主要有两种，一种是支气管败血波氏杆菌（Ⅰ相）灭活油剂苗；另一种是支气管败血波氏杆菌和巴氏杆菌二联灭活苗。母猪接种免疫能有效保护仔猪不受感染，建议母猪产仔前第 6 周和第 2 周接种两次疫苗，使仔猪获得足够的母源抗体，起到较好的保护作用。但需注意的是，仔猪虽然能从感染母猪或疫苗免疫母猪的初乳中获得抗体，保护鼻甲骨和肺脏免受损伤，但却不能清除仔猪体内的致病菌。未获得母源抗体保护的仔猪，应在出生后第 1 周和第 4 周接种疫苗，产生循环抗体，通常抗体可以持续 12 周以上。

（二）药物治疗

本病易于其他疾病混合感染，因此给治疗带来一定难度。Bb 对金霉素、土霉素、托拉霉素、磺胺二甲嘧啶、泰乐霉素、阿莫西林、氟苯尼考、恩诺沙星等敏感。头孢噻呋在治疗猪呼吸道细菌感染中有着很好的效果，但 Bb 对其有广泛的抗性，因此，不建议使用。土霉素虽能减少猪群的发病率，但对治疗成年猪严重的萎缩性鼻炎效果不佳。

第五节　猪传染性胸膜肺炎

猪传染性胸膜肺炎（Porcine contagious pleuropneumonia）是由胸膜肺炎放线杆菌引起的一种呼吸道传染病，具有典型的肺炎和胸膜炎症状与病变。急性病例主要出现纤维素性出血性胸膜肺炎，病死率较高；慢性病例主要出现纤维素性坏死性胸膜肺炎，慢性者常能耐过。

本病自 1957 年发现以来，已在世界各国广泛流行，且有逐年增长趋势。我国台湾省近几年来本病的流行甚为严重，据报道，在屠宰猪中检出本病的感染率为 32%，我国其他各省均有报道发生本病。由于暴发本病时可引起猪只死亡，使得生产和医疗费以及抗菌剂和免疫预防所产生的费用增加，给养殖户造成巨大经济损失。本病已成为国际公认为是危害现代养猪业的重要传染病之一。

一、病原

本病病原体为胸膜肺炎放线杆菌（Actinobacillus pleuropneumoniae App），最初被命名为胸膜肺炎嗜血菌，后来通过与李氏放线杆菌的 DNA 同源性确定是胸膜肺炎放线杆菌。App 是一种革兰氏阴性小杆菌，不运动，有荚膜，兼性厌氧，具有典型球杆菌形态。根据 App 是否需要烟酰胺腺嘌呤（NAD）因子，将其分为两类：生物Ⅰ型（NAD - 依赖型）生物Ⅱ型（NAD - 不依赖型）。生物Ⅰ型在血平板上不生长，但在加入 NAD 因子的培养基中生长良好。由于葡萄球菌可以提供 NAD 因子，因此，在含有葡萄球菌画线培养基中可见猪胸膜肺炎放线杆菌在葡萄球菌周围形成"卫星"状菌落。生物Ⅱ型易在没有 NAD 因子的血琼脂上生长。

猪胸膜肺炎放线杆菌共有 15 个血清型。生物Ⅰ型包括血清型 1 ~ 12 和血清型 15，共13个血清型；生物Ⅱ型仅包括血清型13和血清型14，共2个血清型。从猪胸膜肺炎病例中分离到的病原被鉴定是生物Ⅱ型。血清型的特异性是由胸膜肺炎放线杆菌的囊膜多糖（CPS）和细胞壁脂多糖（LPS）决定的，但一些囊膜血清型显示出细胞壁的相似性且有相同的LPS O链这样就解释血清型1、9和11，血清型3、6和8，血清型4和7出现的交叉反应。现已有报道畜群同时感染不同血清型的报道，但这些菌株一般是低毒力的。

LPS在猪胸膜肺炎放线杆菌黏附猪细胞过程中起着重要作用。有试验证实，若敲除LPS的rfaE基因会导致产生突变株而不再具有黏附作用。并且猪胸膜肺炎放线杆菌表面的LPS作为巨噬细胞和中性粒细胞的一种有效的吸引子，能刺激宿主肺泡巨噬细胞分泌炎性细胞因子。在呼吸道环境中常缺乏细菌营养素，尤其是缺Fe，猪胸膜肺炎放线杆菌可利用转铁递蛋白、自由血红素、血红蛋白等合成自身所需物质。

蛋白质RTX能对巨噬细胞和中性粒细胞的吞噬功能造成损伤，ApxⅠ具有很强的溶血性和细胞毒性，能引起猪的肺泡巨噬细胞发生细胞凋亡；ApxⅡ具有弱的溶血性和中等的细胞毒性；ApxⅢ是非溶血性的，但具有强的细胞毒性，对外周血单核细胞有剧毒。一般情况下，血清型1、5、9和11菌株可以产生ApxⅠ和ApxⅡ；血清型2、3、4、6、8和15菌株可以产生ApxⅡ和ApxⅢ；血清型7、12和13只产生ApxⅢ；血清型10和14只产生ApxⅠ。所有血清型都产生ApxⅣ，该毒素对猪胸膜肺炎放线杆菌完全毒力的表达是必需的。

有学者提出猪胸膜肺炎放线杆菌各菌株间的Apx毒素、囊膜结构、LPS和溶血素类型之间的组合不同，其毒力呈现出差异。例如，一些毒力血清型1菌株没有非典型的CPS、LPS或毒素结构。

猪胸膜肺炎放线杆菌对外界的抵抗力不强，常用消毒剂和较低温度的热力便可将其杀灭，一般情况下60℃2~5min便可将其灭活。本菌对四环素、链霉素、卡那霉素、氟苯尼考、替米考星和环丙沙星等敏感。

二、流行病学

引起世界各地暴发该病的血清型是有差异的，例如，北美最流行的是血清型1和5，大多数欧洲国家最流行的是血清型2，澳大利亚最流行的是血清型15。有研究证实，某一血清型菌株在一个地区具有典型的高毒力，但相同血清型菌株在另一个地区可能会呈典型的低毒力。在欧洲血清型2是一种高毒力的血清型，但在北美血清型2毒力较低；在西班牙血清型4最为普遍，但其他大多数国家不是普遍存在；在加拿大通过PCR方法检测猪的上呼吸道细菌，结果显示传统的优势毒力血清型1和5菌株已转变为其他血清型的低毒力菌株，减少疾病的暴发，这种可能是由于合理的管理方式和控制策略引起的转变。

猪胸膜肺炎放线杆菌仅感染猪，各年龄、性别、品种猪均易感，其中，以3月龄猪最易感，主要通过猪的呼吸道感染。患病猪和带菌猪是主要的传染源，主要的病原携带者是家猪，在国外野猪也是本病一个重要的病原携带者。在最急性和急性感染期间，病猪不仅在肺部、扁桃体中检测到猪胸膜肺炎放线杆菌，而且在鼻分泌物中也存在本菌。耐过猪可以携带病原持续几个月，部分猪感染猪胸膜肺炎放线杆菌后无明显临床症状，成为亚临床病原携带者。这些隐性感染者可长期携带高毒力菌株，在良好的饲养管理下暂不发病，但在环境应激或肺部继发感染其他病菌时可导致畜群突然暴发疾病。

畜群间的传播主要是通过引入带菌动物造成的。本病传播的主要途径是通过猪与猪的直接接触或通过短距离的飞沫传播。养猪场工作人员接触含有猪胸膜肺炎放线杆菌的污染物，可将病菌携带至其他健康猪群。气溶胶传播也是在临床上常见的一种传播途径。为此，许多学者将本病的流行性描述为"瘟疫式"、"跳跃式"以及"闪电式"。感染母猪可通过垂直传播将猪胸膜肺炎放线杆菌传播给仔猪，传播的概率取决于母猪鼻腔分泌物中的细菌量和仔猪体内的母源抗体水平。一般仔猪体内初乳抗体水平可以持续2周至2个月。在哺乳后期，母源抗体有所下降，这时通常只有几只仔猪感染，但在断奶后，母源抗体下降明显，在猪群中出现横向传播。生殖道感染不是本菌传染的常见途径，所以，临床上很少见通过交配、人工授精或胚胎移植传播的案例。目前，仍不能确认小反刍动物和鸟类是否能传播本病。

在国外，猪群出现较高的血清学阳性率和降低的患病率之间的矛盾，体现了猪胸膜肺炎放线杆菌流行的一个重要特点。低毒力菌株广泛分布于畜群中，使得畜群有较高的血清阳性率，而较少的动物携带诱发畜群发病的高毒力菌株。

猪舍过于拥挤和不良的气候条件，如天气突然骤变、空气湿度较高和通风不良等应激因素都会引起疾病的发生和传播，是发病率和死亡率升高。通常大群猪比小群猪或单独隔开的猪群更易发病。老疫区的猪群发病率比较稳定，只有在饲养管理突变或新的血清型入侵时才暴发。

三、诊断

（一）临床症状

本病潜伏期一般为 1 ~ 2d。由于动物的年龄、免疫状态、外界环境条件以及病菌的数量和毒力有所不同，动物发病的临床症状存在差异。本病可分为最急性型、急性型和慢性型。

1. 最急性型

猪群中一只或几只猪突然病重，体温升高 41.5℃，出现虚弱，精神沉郁，表情漠然，厌食甚至完全废食，有短期的下痢和呕吐。初期站立时无明显的呼吸症状，但心跳加快，心血管功能衰退。在病猪的鼻、耳、腿、体侧的皮肤乃至全身皮肤出现发绀。后期出现严重的呼吸困难，张口呼吸，呈犬坐姿势，直肠温度明显降低。临死前，从病猪的口、鼻中流出大量的血色泡沫液体。个别猪只未出现任何症状，突然死亡。病程较短，一般为 24 ~ 36h，最短仅为 3h。

2. 急性型

急性型是临床上最常见类型。病猪体温上升至 40.5 ~ 41℃，精神沉郁，减食或废食，不愿站立，皮肤发红，嗜睡。出现明显的呼吸困难，咳嗽，张口伸舌，常呆立或犬坐姿势。常见心衰和循环不畅。若不及时治疗，可于 1 ~ 2d 内窒息死亡。

3. 慢性型

急性症状消失后可发展为慢性型。体温常滞留在 39.5～40℃ 之间，出现间歇性咳嗽，食欲减退，体质减弱，日增重缓慢，饲料利用率降低。有时可出现跛行，关节肿大。在慢性感染猪群中常见亚临床症状病例，但继发感染其他微生物（如支原体、巴氏杆菌等），呼吸道症状加重。若饲养管理良好，无其他并发症，则能挺过，仅对日增重有一定的影响。

（二）病理变化

主要在肺部及呼吸道内出现病理性损伤。单侧或双侧肺出现肺炎病症，呈弥散性或多病灶性，感染的肺脏界限明显。

在最急性型病例中，可见气管和支气管内充满带血色的黏液性泡沫状渗出物。后期可见肺炎区域变成暗红紫色，质地变硬，切面较脆且有弥散性出血和坏死。

在急性型病例中，病程在 24h 前死亡的动物，可见胸腔有淡红色渗出物，纤维素性肺炎不明显；肺充血和水肿，不见硬实的肝变。病程在 24h 以上者，肺部表面出现纤维素性附着物并伴有黄色渗出物，在白色纤维蛋白区有暗紫红色斑点，肺部病变区硬如橡胶，切面实质不均匀且较脆，有出血点和坏死灶；胸腔内有带血色的液体；气管黏膜水肿、出血；气管和支气管内常充满泡沫状血样黏性渗出物；肺门淋巴结显著肿胀、出血；肝、脾肿胀，色泽变暗。

在慢性型病例中，出现纤维素性胸膜炎，牢固的黏附于内脏和胸膜壁上。若进行尸体剖检或屠宰去除肺脏时，会引起肺的撕裂，部分肺会粘连在胸壁上。肺炎区变硬实，表面有结缔组织化的黏连附着物，肺隔叶上有大小不一的脓肿样结节。

（三）实验室诊断

1. 病原学检查

用棉拭子取活体动物的鼻腔分泌物，放入无菌试管中，立即送往实验室供分离；或取病死动物的肺气管、肺门淋巴结、鼻腔分泌物等尽快送往实验室检查。将样品接种到血琼脂表面，再用鸡皮葡萄球菌作交叉画线，于 37℃ 含 5%～10% 二氧化碳下培养。若分离菌染色镜检为革兰阴性杆菌，在血琼脂培养基上生长具有溶血现象，可见"卫星现象"，则可初步判断为本病。

2. 琼脂扩散试验

被检抗原与标准因子血清之间出现明显清晰的沉淀线，并有标准型抗原和标准因子型血清之间形成的沉淀线完全融合，即可判为该相关血清型。具体操作步骤参照《NY/T 537—2002 猪放线杆菌胸膜肺炎诊断技术》。

3. 酶联免疫吸附试验（ELISA）

本方法敏感性和特异性都比较强，是目前诊断本病最常用的实验室诊断方法。将抗原包被、洗涤后，加入待检血清。在酶标仪 490nm 波长处，测定酶标板的每孔吸收值。具体操作步骤参照《NY/T 537—2002 猪放线杆菌胸膜肺炎诊断技术》。

四、综合防治

(一) 预防措施

加强卫生管理, 猪场环境及猪舍应定期消毒, 建议使用 2% 来苏尔、3% 石炭酸、2% 氢氧化钠溶液进行消毒。平时应加强猪群的饲养管理, 做好夏季防暑、冬季保暖工作。猪舍应注意通风换气, 保持室内空气新鲜。对无病猪场应防止引入潜在带菌猪, 通常是种猪。应从未发生过本病的地区或血清型阴性地区引进种猪。新引进的动物应隔离和血清学检测。实行全进全出制度, 合适的饲养密度, 较早的断奶 (断奶日龄少于 21d), 能有效降低本病的暴发。

近年来, 猪传染性胸膜肺炎疫苗发展很快, 主要分为灭活菌苗和亚单位毒素疫苗两类, 其中, 市场上的商品疫苗中 90% 为菌苗。由于猪胸膜肺炎放线杆菌各血清型之间交叉保护性不强, 因此灭活菌苗只能对同型菌株感染起保护作用。目前, 疫苗研究方向主要是针对猪胸膜肺炎放线杆菌的毒力因子。最近已成功研发了由 3 种主要 RTX 外毒素 (ApxⅠ, ApxⅡ, ApxⅢ) 构成的一种新的亚单位疫苗和细菌的一种 42ku 的外膜蛋白发展的疫苗正在投入使用, 这些新型疫苗对 12 种主要的血清型 (血清型 1 ~ 12) 菌株有很高的保护性。现已有商品化的毒素 - 细菌联合疫苗, 随后几年会有实际结果。

有学者通过试验获得突变株的活疫苗, 例如, 由非囊膜血清型 5 突变株制成的活疫苗, 其基因组膜位点含有卡那霉素抗性 (KnR) 基因。这种活疫苗对动物机体无毒害作用, 并且对同源或异源的血清型都具有保护性。甚至有研究指出部分活疫苗能区分感染动物和免疫过的动物。

注射疫苗时应谨慎考虑, 对体弱、食欲和体温异常的猪暂不接种疫苗, 特别是食用猪使用疫苗时应多加注意, 因为一些疫苗可以在注射部位产生肉芽肿损伤。由于母源抗体的存在, 仔猪的产后第一周不建议进行疫苗接种。

现在世界各国都在对本病实行根除计划。一旦发现畜群感染猪胸膜肺炎放线杆菌, 应及时淘汰, 同时, 使用疫苗、药物对健康猪只进行预防。坚持阻断垂直传播, 通过血清学检查选用无病的母猪, 及早对仔猪断奶, 并通过药物治疗, 可成功消灭猪胸膜肺炎放线杆菌。但这种方法只对某些血清型有效, 例如, 血清型 12 和 3 具有很强的传染性, 从母猪传给仔猪的传播速度很快, 在早期断奶同时, 使用药物治疗能起到很好地预防效果。

(二) 治疗措施

选用抗生素时, 应使用其最小抑菌浓度, 并应该考虑其药代动力学。体外试验已证实猪胸膜肺炎放线杆菌对氨苄青霉素、头孢菌素、氯霉素、黏菌素、氨苯磺胺和磺胺甲基异恶唑敏感, 低浓度的庆大霉素可产生抑制作用。尽管猪胸膜肺炎放线杆菌对 β 内酰胺类抗生素, 如青霉素、氨苄青霉素、羟氨苄青霉素的敏感性很高, 但美国及其他国家的数据显示, 部分猪胸膜肺炎放线杆菌能对这些抗生素产生抗性。临床上用青霉素对感染猪进行治疗, 但治疗效果却不一致。猪胸膜肺炎放线杆菌对泰妙菌素、头孢噻呋、恩诺沙星和替米考星具有相对高的敏感性。抗生素抗性的分布和猪胸膜肺炎放线杆菌血清型之间没有明显的相关性。试验显示, 猪胸膜肺炎放线杆菌对链霉素、卡那霉素、奇霉素、螺旋霉素和林可霉素有相对的抗性，近几年，猪胸膜肺炎放线杆菌对四环素类和甲胺苄胺嘧啶 – 磺酰胺的抗性，有所增加。

当猪的饲料和饮水吸收正常时，可在其饲料和水源中拌入抗生素进行治疗。并且这种疗法也可作为预防性抗菌疗法来预防高感染畜群的急性暴发。当猪出现厌食或废食症状时，一般经皮下或肌肉等非肠道注射抗生素。为了确保有效和持久的血药浓度，需要再次注射抗生素，当然这主要取决于所用抗生素的药代动力学特性。虽然可以对发病动物连续用药，但时间不能太长，需持续监测抗生素对猪胸膜肺炎放线杆菌的敏感性。

感染初期使用抗生素进行治疗是有效的，可以降低死亡率。但使用抗生素能影响动物的免疫反应。已有学者证实，虽然高效的抗生素能起到较好的治疗效果，但在后期在感染时使动物易感该病。通常耐过猪的肺中经常有坏死骨片，其中，含致命性载量的细菌，抗生素很难穿过这种坏死骨片，从而引起该病的暴发。并且需要注意的是尽管抗生素能减轻病畜临床症状，但抗生素治疗不能清除带菌动物体内的细菌。

第六节　副猪嗜血杆菌病

副猪嗜血杆菌（*Haemophilus parasuis*，HP）属于巴斯德菌科的嗜血菌属的革兰阴性菌，能引起猪的 Glasser 病，主要特征为纤维素性浆膜炎、关节炎和脑膜炎。副猪嗜血杆菌也包括其他临床特征，比如急性肺炎、败血症、急性死亡、高发病率和高死亡率。

猪嗜血杆菌引起猪的多发性浆膜炎和关节炎，曾一度被误认为由应激所引起的散发性疾病。1910 年，德国科学家 Glasser 就发现了一种革兰阴性短小杆菌与猪的多发性浆膜炎和关节炎有关联，1922 年，Schermer 和 Ehrlich 首次分离到副猪嗜血杆菌。之前人们将 Glasser 病原体与猪嗜血杆菌（*Haemophilussuis*）混为一体，认为其生长条件不仅需要 X 因子而且 V 因子，直至 1969 年 Biberstein 和 White 证实了猪嗜血杆菌的生长只需要 NAD 因子，为了与猪嗜血杆菌区别，使用前缀 "para –" 为生长不需要 X 因子的细菌命名，于是提出 "副猪嗜血杆菌"（*Haemophilus parasuis*）作为一种新的细菌名称。

一、病原学

副猪嗜血杆菌属于是一种无运动性，细小，无鞭毛，无芽孢的革兰阴性菌。副猪嗜血杆菌在巧克力琼脂平板、鲜血平板上生长较慢，通常需要 3～5d，并且分离率较低。但是在加有 NAD 因子的巧克力培养基或 PPLO 培养基上却生长良好，副猪嗜血杆菌仅需 12～24h 便可在 TSA 固体培养基和 TM/SM 培养基生长成肉眼可见的单菌落。普通兔血、马血、羊血中都含有 X 因子和 V 因子，但是在常温下血液中的 V 因子处于被抑制的状态。将血液放在 80～90℃环境中 5～15min，可破坏红细胞膜上的抑制物，因此，V 因子便释放出来。当副猪嗜血杆菌与金黄色葡萄球菌一起培养时，副猪嗜血杆菌在该菌两侧生长良好，菌落直径可达 1～2mm，而远离葡萄球菌菌落的副猪嗜血杆菌菌落较小，这种现象称为 "卫星现象"。这是由于葡萄球菌在生长时可分泌 V 因子将其释放到培养基中，所以，邻近葡萄球菌的副猪嗜血杆菌会比远离葡萄球菌的副猪嗜血杆菌生长的好。

1952 年，Bakos 等人采用沉淀实验划分了四个血清型 HP（标记为 A-D）；1986 年，Morozumi 和 Nicolet 鉴定了 7 个血清型（1~7）；1991 年，Kielstein 等人增加了另外 6 个血清型（Jena6~Jena12）；1992 年，Kielstein 和 Rapp-Gabrielson 又鉴定了 5 个血清型（ND1~ND5）。随后，按 Kieletein 和 Rapp-Gabriedson（KRG）琼脂扩散血清分型方法，之前的 1~7 型不变，Jena 血清型和 ND 血清型联合分为 8~15 型。最终，将副猪嗜血杆菌分为 15 个血清型，另有 20% 以上的分离株血清型不可分型。

副猪嗜血杆菌主要寄生在猪上呼吸道（鼻腔、扁桃体和气管前段）内，有学者提出副猪嗜血杆菌最早可能定居在猪鼻黏膜，黏膜损伤可能增加细菌入侵的几率。通常情况下副猪嗜血杆菌不引起猪发病，不表现症状，但是，在各种应激因素和致病条件下，副猪嗜血杆菌可破坏呼吸道的防御机制，使得上呼吸道黏膜表面纤毛丢失或活动显著降低，从而使猪发生全身感染。

副猪嗜血杆菌是如何引起猪的脑膜炎，其作用机制尚不是很清楚。但有学者发现副猪嗜血杆菌可以突破由脑微血管内皮细胞（BMEC）组成的脑血屏障（blood-brain barrier，BBB），这可能是副猪嗜血杆菌引起猪脑膜炎的原因。研究者通过电子显微镜发现副猪嗜血杆菌可大量黏附 BMEC，随之入侵 BMEC，并且发现不同血清型黏附入侵 BMEC 的能力不同，其中，血清 4 型和血清 5 型能力最强。通常认为副猪嗜血杆菌是一种随机侵入的次要病原，只有当于其他细菌或病毒共同作用时才引发疾病。已有大量报道副猪嗜血杆菌与其他猪致病菌的混合感染及其之间的相互影响。

二、流行病学

已有报道在日本、德国、西班牙、加拿大、中国以血清 4 型和血清 5 型最为流行；澳大利亚和丹麦以血清 5 型和血清 13 型最为流行；在北美以血清 4 型和不能分型的菌株最为流行。

家猪和野猪是本菌的自然宿主。副猪嗜血杆菌是猪只正常菌群的一个部分，并且在猪群中普遍存在。通常认为本菌是仔猪上呼吸道的一个早期寄居菌，最初是出生后通过伴随分娩时与母猪的接触而获得。在健康状况下，猪体内的定居菌落与免疫之间会达成平衡，只有在一些应激因素的刺激下会打破这种平衡，使得猪只发病，例如长途运输、气温骤变、营养不良、猪只感染其他疾病等。研究发现一个猪群中的菌株具有多样性和周转性，在 5~6 个月的时间内，从一个猪群中总共鉴定出 16 个不同的菌株。

副猪嗜血杆菌只感染猪，任何年龄、品种、性别的猪均可发病，其中，断奶仔猪和保育猪最为常见。通常 5~8 周龄的猪发病率可达 40%，严重时死亡率可达 50%。目前，本病已成为猪场保育猪死亡的一个重要因素，对全球范围内的养殖业造成极大的经济损失。

三、诊断

（一）临床症状

对 SPF 动物或健康猪群引入副猪嗜血杆菌，可引发全身性疾病导致高发病率和高死亡率，副猪嗜血杆菌病可影响各个阶段的养猪，发病快，在接种病原的几天内便可发病。SPF 猪通过呼吸道感染，16h 后出现精神沉郁、直肠温度升高；攻毒 36h 后不愿走动；攻毒 60～70h 后出现关节肿胀、黏膜出现化脓性渗出，随之卧地不起；攻毒 84～108h 后出现死亡。

由于猪群健康状况的不同，其临床症状也不同。有学者将副猪嗜血杆菌病的症状分为四类：Glasser's 病（纤维素性浆膜炎）、败血症（没有浆膜炎）、急性肌炎（咬肌）、呼吸性疾病。该病通常引起健康动物的急性感染，起初的临床特征为体温升高、不愿走动、食欲缺乏；随后病猪可能出现咳嗽、呼吸困难、体重急剧减轻、破行、共济失调、颤动、可视黏膜发绀、侧卧，随之有些猪死亡。

（二）病理变化

副猪嗜血杆菌的内毒素能引起各组织形成微血栓，形成弥散性血管内凝血。肉眼可见腹膜、心包炎、胸膜、脑膜、关节出现纤维素性和浆液性渗出物。显微镜下观察该渗出物，可见中性粒细胞、纤维蛋白以及少量巨噬细胞。有学者通过对 SPF 猪攻毒证实了，在攻毒的 12h 便可观察到肉眼可见的变化，其中，以胸水、腹水、心包炎为主要特征；攻毒 36h 后，可见在胸水、腹水、心包液中出现纤维块；攻毒 96～108h 剖检，可见胸腔、腹腔、心包内含有大量的纤维素性化脓性渗出物。SPF 猪在感染的 24h 后，出现白细胞减少并且血糖下降。从攻毒后的 16h 起，便可在血液中分离到副猪嗜血杆菌，并可在血浆中检测出内毒素，内毒素的浓度随着时间的推移而急剧上升。有学者在人肝脏、肾脏、肺脏中发现了微血栓，推测弥漫性血管内毒素加重了具有败血症的仔猪的死亡。

（三）实验室诊断方法

1. 细菌分离鉴定

细菌分离鉴定时，应采集急性期的病猪并未使用抗生素的病料，可取其浆膜表面物质、脑脊髓液、心脏血液，从而增加分离致病菌的几率。现有报道表明可从健康猪的鼻分泌物，上呼吸道分泌出副猪嗜血杆菌。将病料在含 NAD 因子的 TSA 或者 TM/SN 平板上画线接种，厌氧罐中 37℃培养 24～48h 后挑取单个菌落进行纯培养。将单菌落与金黄色葡萄球菌垂直画线于无 NAD 的血平板上，在 37℃培养 24～48h，若看到"卫星生长现象"，且无溶血现象，便可初步判断该菌为副猪嗜血杆菌。细菌的分离鉴定对副猪嗜血杆菌病的确诊是必要的，但是，通常很难成功。这是由于副猪嗜血杆菌是非常娇嫩的细菌，对培养基又有较高的要求，当标本中出现其他细菌时，很难确认采集的标本中是否存在副猪嗜血杆菌。加拿大安大略省的诊断实验室采用回归分析法分析副猪嗜血杆菌的发病率，结果显示，副猪嗜血杆菌的真实发病率，可能是报道的十几倍。

2. 血清学诊断

在国外已报道采用补体结合试验（CF）用于副猪嗜血杆菌的检测，发现在急性病例的临床经过中，大约只需 1 周出现循环补体与抗体结合，使用相同的特异性抗体滴度在攻毒后得到类似证实，但是，也发现各血清型之间存在交叉反应。用福尔马林灭活的的全菌作为包被抗原用于 ELISA 检测，用该方法研究了仔猪的体液免疫反应与疫苗免疫后的母原抗体滴度，结果显示，免疫母猪所生产的仔猪在 5 日龄便可检测出母源抗体。用煮沸的细菌或超声波破碎细菌作为包被抗原，将其致敏绵羊红细胞从而建立间接血凝试验；并且还使用煮沸的细菌上清液或通过透析的热酚水提取物（脂多糖）作为包被抗原从而建立 ELISA。研究表明，这两种诊断方法不稳定，时常出现假阳性，甚至检测免疫后得到完全保护的动物攻毒时也不稳定。

3. 分子生物学检测

有学者根据 HPS（GenBank M75065）的 16S Rrnax 序列设计引物建立 PCR 诊断方法，该 PCR 法能检测浓度为 10^2 的细菌和 0.69pg 的 DNA，与传统的微生物学技术相比 PCR 技术能更准确地用于副猪嗜血杆菌的诊断。现已建立了巢式 PCR 技术，灵敏性很高，能从福尔马林浸泡的器官和石蜡包裹的组织中成功的检测出副猪嗜血杆菌。已有研究者根据副猪嗜血杆菌 16S rRNA 基因设计了一对特异性引物，该引物可扩增大小为 821bp 的特异性目的基因片段，该方法灵敏性高最低检出量可达 10^{-3}ng，并且对金黄色葡萄球菌、大肠埃希菌、巴氏杆菌和传染性胸膜肺炎放线杆菌等均无交叉反应。

四、综合防治

（一）预防措施

副猪嗜血杆菌是上呼吸道的正常定居菌，在卫生条件恶劣，营养缺乏，管理不当，免疫低下等这些条件下副猪嗜血杆菌可突破鼻黏膜屏障，引起全身性的感染。研究者对几种早期断奶法进行评估时发现，只有仔猪同时注射各种大剂量的抗生素才能根除副猪嗜血杆菌，但是该方法应用到实际当中是不可取的。疫苗免疫和合理的免疫程序是预防该病的有效途径。控制副猪嗜血杆菌还需采取综合措施，如及时隔离饲养，加强饲养管理，杜绝各生产阶段猪的混养等，通过这些措施以防治副猪嗜血杆菌在猪群中的流行。

1. 提高母源保护

天然形成的免疫力和母源抗体是控制疾病过程的关键因素。通常情况下免疫母猪的母源抗体可保护 6~7 周龄前的仔猪，因此，对全群母猪进行普免是非常必要的。Solano 等人研究了母源抗体对于仔猪免疫的影响，分组对仔猪进行攻毒试验，发现未免疫母猪所产仔猪出现副猪嗜血杆菌病临床症状（包括肺炎、浆膜炎），而同时免疫母猪和仔猪组未出现临床症状，但是，未免疫母猪只免疫仔猪组仔猪出现跛行和神经症状，该结果表明后备母猪免疫对仔猪有保护作用，并提出母猪接种疫苗后可对 4 周龄以内的仔猪产生保护性母源抗体，而在此阶段用相同血清型的灭活疫苗免疫仔猪，能对断奶仔猪产生保护力。

2. 接种疫苗

（1）商业苗和自价苗。商业苗包括了不同血清型的几种菌株，甚至包括没分型的几种菌株；自价苗通常只包括从感染猪群中收集到的一种或两种菌株。有研究发现同一动物可能同时感染有毒菌株和无毒菌株，推荐从脑部分离细菌制作自价苗，其次从关节、全身性器官中分离细菌制作自价苗，通过商业疫苗和自价苗可以一定程度上控制副猪嗜血杆菌的感染，但是，时有灭活疫苗预防该病失败的事例，这可能是由于疫苗菌与致病菌不同而缺乏交叉保护。已研究证实了相同血清型的不同菌株抵抗相同血清型致病菌时，激发保护的能力不同，甚至同源菌株都不能激发保护。在我国，华中农大动物病毒实验室已研制出了油乳剂灭活苗。

（2）蛋白疫苗研究进展。运用 SDS-PAGE 技术，可将外膜蛋白分为两类：生物 1 型（biotypeI）和生物 2 型（biotypeII），从健康猪鼻黏膜分离出生物 1 型，分子量在 68KDa 和 23 ~ 40KDa 这两个阶段；从感染副猪嗜血杆菌病的患病猪通常可分离出生物 2 型，其大小为 37KDa。研究者将 OMP 作为疫苗免疫猪，再将 5×10^9 CFU 致死量菌株通过肌肉注射感染猪，结果显示 50% 的猪得到保护。为研制高效疫苗，有研究者对副猪嗜血杆菌 5 型的外膜蛋白进行免疫保护分析，结果发现有 15 种蛋白具有高免疫原性，其中，4 种蛋白（PalA，Omp2，D15 和 HPS 06257）具有较高保护性，能有效的应用于疫苗开发。三聚自转运体（trimeric autotransporters，VtaA）能暴露在细菌表面且与宿主病原体干扰相关，通过免疫印迹和抗体水平检测发现 VtaA 具有很好的免疫原性，具有很大的疫苗开发前景。

3. 加强生产管理

（1）定期预防性消毒。栏舍引进动物前，全面清洗后彻底消毒。栏舍、通道、食槽、墙面、饲养用具等每周一次消毒，生产区内环境、运动场每半个月一次消毒，消毒剂每季度还一种。

（2）建立定期灭鼠、灭虫制度。定期灭鼠、灭蚊蝇、杀虫消毒，防止犬类、猫类其他等动物进入生产区。

（3）加强饲养管理。对猪群涌维生素 C 粉和电解质饮水 5 ~ 7d，以增强机体抵抗力。消除诱因，减少各种应激，注意保暖和气温变化，在猪群转群、混群前后可在饮水或饲料中添加一些抗激药物。在疾病流行期间断奶仔猪可暂不混群，可对断包育猪实施"分级饲养"。

副猪嗜血杆菌可作为继发的病原伴随其他病原混合感染，HPs 被认为是随机入侵的一种次要病原，属于典型的"机会主义"病原，只有与其他细菌或病毒协同才能引发疾病。这些病毒和细菌主要有猪圆环病毒、猪繁殖与呼吸综合征、伪狂犬病毒、猪呼吸道冠状病毒、链球菌、猪流感病毒等。因此，控制上述病的感染是预防副猪嗜血杆菌的另一关键。

（二）治疗措施

青霉素能有效的治疗副猪嗜血杆菌，但是已有报道指出副猪嗜血杆菌对青霉素的抗药性日益增强。有研究发现所有的副猪嗜血杆菌对头孢噻肟、头孢噻呋、阿奇霉素、氯霉素、氟苯尼考、替米考星敏感；部分菌株对青霉素、氨苄西林、头孢克洛、左氧氟沙星、环丙沙星、红霉素、四环素、庆大霉素、大观霉素、硫姆林敏感；但 70.9% 菌株对恩氟沙星、44.5% 菌株对甲氧苄啶、44.5% 菌株对磺胺甲噁唑有抵抗力。但须注意的是猪副猪嗜血杆菌耐药性很强，可能是当前猪场所有致病菌中，耐药性产生速度最快的一种细菌，通常一种敏感的抗生素，使用半年后细菌就开始耐药（需要加大剂量），一年后便完全失效。

第七章　猪的其他疾病

第一节　猪圆环病毒病

猪圆环病毒病是由猪圆环病毒 2 型（PCV2）引起的一种新的传染病。早期的圆环病毒可长期持续污染 PK15 细胞，对猪无致病性，将其命名为 PCV1。20 世纪 90 年代末，在北美和欧洲检测到了一种新的猪圆环病毒，对猪具有致病性，将其命名为 PCV2。

本病主要侵害 8～13 周龄猪，可引起仔猪断奶综合征（PMWS）、猪皮炎肾炎综合征（PDNS）、猪呼吸道疾病综合征和母猪繁殖障碍，其临诊表现多种多样，但只有 PMWS 对猪产业造成全球性的影响。本病还可导致猪群严重的免疫抑制，从而易继发或并发其他传染病。自 2007 年起，PCV2 商业疫苗得到广泛使用，使得有 PCV2 感染引起的经济损失明显降低。

一、病原

猪圆环病毒（PCV）属于圆环病毒科圆环病毒属。病毒直径为 12～23nm，核衣壳呈 20 面体对称，是一个共价闭环单股 DNA 病毒，PCV1 含有 1 759 个核苷酸，PCV2 含有 1 768 个核苷酸。PCV2 由 11 个公认的开放阅读框组成，但仅有 3 个表达蛋白。ORF1（Rep 基因）编码非结构蛋白 Rep；ORF2（核衣壳蛋白）编码核衣壳蛋白，是唯一的结构蛋白；ORF3 编码非结构蛋白，能诱导 PK-15 细胞凋亡，且与野生型 PCV2 相比，ORF3 缺失的 PCV2 突变体对猪的毒性较低。PCV 对外界的抵抗力较强。耐酸，即使在 pH 值低于 2 的条件下也能存活，对氯仿不敏感。PCV 可抗高温，56℃ 1h 或 75℃ 15min 才能将其灭活。

二、流行病学

家养猪和野猪是本病的自然宿主。PCV 分布广泛，在加拿大、德国、英国等国本病的阳性率在 55%～90%，且在 7～70 日龄猪的体内可反复检测到 PCV2 病毒。常认为口鼻接触是本病传播的主要途径，感染猪可经鼻液、唾液、尿液、粪便等向外界排出病毒，经口腔、呼吸道途径感染不同年龄的猪。产仔前 3 周的怀孕母猪感染 PCV2 后，可经胎盘发生垂直传播。人工授精时，含 PCV2 的精子可引起母猪发生繁殖障碍。饲养条件差、通风不良、饲养密度高、不同日龄猪混合饲养、长途运输等应激因素，均可加重病情的发展。

三、诊断

（一）临床症状及病理变化

1. 仔猪断奶衰竭综合征

常发生于保育阶段和生长期的猪，病猪表现为生长缓慢或停滞，消瘦、被毛粗乱、皮肤苍白、持续性呼吸困难，有时腹泻、黄疸。主要病变集中在淋巴结，早期可见淋巴结显著肿大，尤以腹股沟淋巴结、肺门淋巴结、肠系膜淋巴结、下颌淋巴结最为常见。疾病晚期，淋巴结常呈正常大小或萎缩。部分病猪可见胸腺萎缩。

2. 猪皮炎与肾炎综合征

本病常发生于 12～14 周龄的猪。病猪食欲减退、精神不振，轻度发热，喜卧，不愿走动，步态僵硬。最显著症状为皮肤出现不规则的红紫斑及丘疹，常出现在后驱和腹部，逐渐蔓延到胸部或耳部。随着病程延长，破溃区形成黑色结痂。通常小于 3 月龄的猪病死率将近 100%，青年猪病死率将近 50%。严重感染猪常出现症状后几天内就死亡；部分猪能自行康复，但可能影响猪外观。病理变化一般表现为双侧肾肿大，皮质表面呈红色点状坏死，肾盂水肿。有时可见淋巴结肿大或发红，脾脏肿大并出现梗死。

3. 繁殖障碍性疾病

可发生于妊娠的任何阶段，但多见于妊娠后期，出现流产、产死胎或木乃伊胎。死亡胎儿表现出明显的心肌肥大和心肌损伤，组织学变化为广泛的纤维组织增生和坏死性心肌炎。

4. 增生性坏死性间质性肺炎

本病主要危害 6～14 周龄的猪，虽与 PCV2 相关，但需其他病原参与。病猪出现弥漫性间质性肺炎，颜色灰红色。组织学变化表现为增生性和坏死性肺炎。

5. 新生仔猪先天性震颤

新生仔猪出现全身性震颤，无法站立，若躺卧后，震颤减轻或停止，再次站立则又出现震颤症状。有的仔猪仅头部震颤或仅后驱震颤不能站立，若能吃乳，则预后良好。病情较轻的病猪无明显症状，能运动，且体温、脉搏、呼吸均无明显变化，经数小时或数日自愈。

（二）实验室诊断

1. 病毒分离与鉴定

取病猪的淋巴结、病变肺脏、脾脏作样本，接种 PK-15 细胞，24h 后将细胞处理 30min，加入 DMEM 维持液，置 37℃ 培养箱中，72h 后进一步检测。

2. 间接荧光免疫试验

将感染细胞用冷 100% 乙醇或丙酮固定后，依次加入阳性血清和 FITC 标记的二抗，在显微镜下观察，若出现荧光，则为阳性。

3. PCR 检测

目前，大多数的 PCR 方法都是扩增 *PCV*2 基因组中 *ORF*2 基因。常用病猪的淋巴结、脾脏、肺脏等作为待检组织。实时定量 PCR 敏感性较高，但成本也高。

四、综合防治

做好防暑保暖措施，减少各种应激，尽量减少仔猪哺乳阶段注射次数，定期消毒。饲料营养要全面，可添加增强机体免疫力的一些中草药，提高猪群的整体免疫力。加强种公猪的检测，使用无 PCV2 污染的精液。

由于本病尚无有效疗法，因此，接种疫苗能有效预防本病。目前，国内外的疫苗主要有 3 种：以杆状病毒表达 PCV2 的衣壳蛋白、表达 PCV2 衣壳蛋白的 PCV1 嵌合病毒、灭活的 PCV2。其中，前两种疫苗主要用于 3～4 周龄商品猪免疫，最后一种疫苗用于母猪免疫。

PCV2 常与猪繁殖与呼吸综合征病毒、猪链球菌、猪瘟病毒、副猪嗜血杆菌、肺炎支原体等病原体混合感染，能明显加重疾病严重程度。因此，应重视这些疾病的免疫预防或药物预防。

第二节　黄曲霉毒素中毒

黄曲霉毒素中毒是指动物采食了被黄曲霉毒素污染的饲草、饲料，引起全身出血、消化功能紊乱，神经症状为特征的一种中毒病。

一、病因

黄曲霉、寄生曲霉和曲霉可在收割前及储藏期间产生黄曲霉毒素（B1、B2、G1、G2）。黄曲霉毒素 B1 和黄曲霉毒素 B2 常由玉米和棉籽中的黄曲霉产生，而花生中的寄生曲霉能产生所有 4 种毒素。黄曲霉毒素 B1 是自然污染中含量最高的毒性成分，具有强致癌性。通常所称的黄曲霉毒素中毒主要是指黄曲霉毒素 B1 中毒。当黄曲霉毒素污染的花生、玉米、豆类、麦类及其副产品时可发生中毒。本病一年四季均可发生，但在多雨季节更易发生。高蛋白饲料可降低动物对黄曲霉毒素的敏感性，因此，若日粮中缺乏蛋白质会加剧黄曲霉毒素对动物机体的影响。

二、发病机理

黄曲霉毒素经胃肠道吸收后，主要分布在肝，肝含量比其他组织器官高 5～10 倍，受到的损害也最为严重。血液中含量极微，肌肉中很少检出。黄曲霉毒素对 RNA 聚合酶活力有抑制作用，影响 RNA 合成，并进而影响蛋白质合成，还能改变 DNA 的模板性质，干扰 DNA 的复制及转录。此外，黄曲霉毒素还有致癌、致突变和致畸形特性。黄曲霉毒素是已发现毒素中最强的致癌物。

三、诊断

（一）临床症状

急性中毒一般于食入黄曲霉毒素污染的饲料 1～2 周左右发病，主要症状有精神抑郁，食欲减退，胃部出现不适，腹胀，后驱衰弱，恶心，无力，黏膜苍白，粪便干燥或拉稀，有时粪便中带血。偶见神经症状，呆立，以头抵墙。慢性中毒者表现为精神沉郁，食欲缺乏，被毛粗乱，离群独立，体重减轻，黏膜可见黄疸。

（二）病理变化

急性病例主要表现为贫血和出血。在病畜的胸、腹腔、胃幽门周围可见血液，肠内出血，皮下广泛出血，尤以股部和肩甲皮下出血明显。肝脏肿大，质脆，呈苍白或黄色。心外膜和心内膜出血。慢性型可见全身黄疸，肝硬化，有时可见肝脏表面有黄色结节，胆囊缩小，胸腔及腹腔内有大量橙黄色液体。淋巴结肿大、出血，心内外膜出血。

四、综合防治

预防本病重在加强饲养管理，严禁饲喂明显霉变的饲料。在生产配合饲料时，严格控制饲料原料的质量，对明显霉变的饲料坚决不用，对可疑霉变饲料进行黄曲霉毒素B1含量测定，可在配合饲料生产时适当的添加防霉剂。严格执行饲料中黄曲霉毒素容许量标准。我国饲料卫生标准规定，生长育肥猪配、混饲料中黄曲霉毒素B1的含量不得大于0.02mg/kg。

目前本病尚无特效药物，发病时应立即停喂可疑饲料，给予动物易消化的青绿饲料。并及时补充维生素A、C，可适当的添加止血药物和抗生素类药物，但禁用磺胺类药物。

第三节 猪 痘

猪痘是由病毒引起的一种急性、热性传染病。主要感染幼龄猪，特别是乳猪，其特征是在患病皮肤和黏膜出现红斑、丘疹、水疱、脓疱和结痂。

一、病原

猪痘是由两种形态学极为相似的病毒引起。一种是痘苗病毒，能使猪和其他多种动物感染，临床上大多数病例是由痘苗接种的人群传染给猪；另一种是猪痘病毒，本病毒仅能使猪发病。

二、流行病学

猪痘是养猪业发达地区常见的病毒性传染病，呈世界性分布，其发生通常与猪的饲养条件欠佳有关。猪是本病的唯一自然感染宿主，多发生于4~6周龄的猪及断奶仔猪，成年猪有抵抗力。本病的发病率在猪中可达30%以上，但死亡率很低，一般不超过1%~3%，且大多数是因发生并发症而死亡。

猪痘极少发生接触感染，主要由猪虱传播，猪痘病毒可在猪虱体内存活达一年之久。猪虱能机械性传播猪痘病毒，并影响痘病皮肤症状的范围和分布，常发生在角质化程度较低的腹部和腹股沟部为。其他吸血昆虫也可能传播猪痘病毒，接种过痘苗毒病的人，也可将病毒经吸血昆虫传给猪。

三、诊断

(一) 临床症状和病理变化

潜伏期为 4~14d，病猪体温升高，精神不振，食欲减退，眼、鼻有分泌物。痘疹主要发生于感染动物的下腹部、肢内侧、背部、体侧部，很少发生在脸部，偶尔出现在哺乳母猪的奶头。当昆虫机械传播病毒时，病变的分布与昆虫的叮咬部位有关。痘疹最初为扁平、灰白色的直径为 3~5mm 的圆形斑疹。2d 后变为高约 1~2mm、直径 1~2cm 的丘疹，部分丘疹发生融合。通常未见水泡期即转为脓疱，并很快结成棕黄色痂块，脱落后留下褪色的斑点。病程一般为 10~15d，多数呈良性经过，病死率不高，但若继发细菌感染则病程延长。

本病组织学病变，可见表皮棘层角质化细胞发生水疱变形。感染病毒的细胞可见细胞质变亮增大，并含有嗜酸性包涵体。

(二) 实验室诊断

1. 检测抗原

取丘疹、脓疱渗出物或结痂物涂片镜检。可经过电子显微镜和组织病理学方法确诊。本病特征性病变有：棘层角质化细胞气球样变，细胞质有嗜酸性包涵体和空泡化核。目前常用 PCR 检测抗原，该方法快速、敏感且特异性强。

2. 检测抗体

可用血清中和试验和抗体凝集试验检测恢复期血清中猪痘病毒的特异性抗体。

3. 动物接种试验

若要区别猪痘的病原是猪痘病毒还是痘苗病毒，可用家兔作接种试验。若是痘苗病毒，则在接种部位发生痘疹，而猪痘病毒则不感染家兔。

四、综合防治

对猪群要加强饲养管理，搞好卫生，消灭猪虱和蚊、蝇等。新购入的生猪应隔离观察 2 周，防止带入传染源。目前，对该病没有特异性的治疗方法，病变部位可涂布抗菌药物，防止继发感染。本病尚没有可供商品使用的猪痘疫苗，但康复猪可获得坚强免疫力。

参考文献

［1］姚龙涛．2000．猪病病毒［M］．上海：上海科技出版社．

［2］陈焕春．2000．规模化猪场疾病控制与净化［M］．北京：中国农业出版社．

［3］蔡宝祥．2001．家畜传染病学［M］（第四版）．北京：中国农业出版社．

［4］宣长和．2005．猪病学［M］．第二版．北京：中国农业科技出版社．

［5］甘孟候，杨汉春．2005．中国猪病学［M］．北京：中国农业出版社．

［6］吴增坚．2008．养猪场猪病防治［M］．北京：金盾出版社．

［7］宣长和，马春全，林树民．2009．猪病混合感染鉴别诊断与防治彩色图谱［M］．北京：中国农业大学出版社．

［8］宣长和，马春全，陈志宝．2010．猪病学［M］．第三版．北京：中国农业大学出版社．

［9］于桂阳，王美玲．2011．养猪与猪病防治［M］．北京：中国农业大学出版社．

［10］Jeffrey J. Zimmerman，Locke A. Karriker et al. 2014. Diseases of Swine［M］（第十版）．北京：中国农业大学出版社．